為什麼菁英都是細節控

主管很想送給菜鳥的一本書

艾里 ⊙ 著

推薦序

當個願意認真學習且有誠信的專業人士

《拆解問題的技術》作者、知名企管講師／趙胤丞

俗話說的好：「魔鬼藏在細節中」，而我閱讀《為什麼菁英都是細節控》這本書有很多感觸與共鳴，特別的是書中用很多故事案例，都是小細節決定大成敗。這都讓我都想起類似的經驗感受，像是書中一篇關於別跟客戶說「我是新來的」，因為跟別人說自己是新來的很像承認自己很愚蠢，像我之前剛出社會時曾在管顧公司服務，偶爾也會接到不明究理的客戶打電話來謾罵，我總不能在電話中跟他說：「〇〇〇先生／小姐您好，不好意思，我是新來的。」當然，我可以這樣處理，但我也不會跟客戶說我是新來的，我反而試著先安撫他／她的情緒，之後先留下客戶的聯繫方式，並與公關經理討論如何回覆的相關事宜。

如果我跟他說我是新來的，一定會批評很慘，但我也還沒有太多能力處理該怎麼辦呢？我就告訴自己「我不會」是事實，但「我可以學」，沒有人一開始就很厲害，總是要有一個開始。

後來我就告訴自己，我能不能在最短的時間快速把公司的內容回覆清楚，除了熟記公司全部資料外，我也會仔細觀察前輩的談話，像是遇到不理性客戶時，公關經理又會是如何處理呢？我很多時候就在旁邊觀察公關經理處理這樣的事件，然後心中浮現出很多想法，像是：為什麼她這樣應對？以及她講這句話的目的到底是什麼？那客戶的反應又會是什麼呢？我自己透過不斷推敲，也開始梳理出相對因應方法，自己

卡關的地方，也會請教資深公關經理前輩，也讓我快速上手接聽電話跟處理客訴的工作。

雖然說我後來並沒有做電話服務的工作，可是對於未來我在接電話的敏感度，或是從電話裡面聽出那個人的情緒，然後，快速的去做相關對應的判斷，對我來說，依然是一個非常好的學習收益。

《為什麼菁英都是細節控》這本書提到一個專業職場人士需要具備哪些能力，甚至是不可以跨越的道德底線。透過實際案例來做很好說明，請務必記得：公司的資源就是公司的資源，絕對不要拿來做私人用途，我覺得這是很重要的思維。把公司當家來看待，不只是一個口號，也不是讓我們浪費資源或挪作私人用途的藉口，更重要的是，我們是否認同自己「屬於」這其中的一份子呢！那份歸屬感才是關鍵！如果是的話，那又怎麼會做損害公司跟損害自己的行為呢？

總歸一句話，我是不是一個願意認真學習且有誠信的人。從自身做起，透過閱讀別人的教訓來警惕自己，用別人的成果來改進自己。我不只是負責我工作內的所有任務，我也可以開始去學習去瞭解其他部門在做什麼樣的任務，然後把工作做更好的對應和展開。

我覺得你有這樣的心態之後，會發覺職場上很多事情都會得到非常好的發展與成果，然後注意相關細節訣竅，避免無心的失禮行為得罪人，這樣職涯發展將會更加順遂，減少無謂的職場紛擾與黑鍋。

誠摯推薦這本書《為什麼菁英都是細節控》！

學校沒教，主管也無法告訴你的事

總編輯／黃文慧

在當主管這些年發現，想要培養出優秀的工作伙伴，有些「細節」比專業技能學習重要。專業的技能可以透過經驗的累積，只是專業的基本功沒有做好，只有創意就會出問題。而「細節」指的又是什麼呢？「細節」，對主管來說是很難教的，一來沒有那麼多時間，如果都要說又顯得這個主管應該是難相處的。二來這些細節都是出問題了才能學會。出版這本書的原因，就是有很多學校沒有教的、主管無法告訴你的事，但如果你知道了，會對未來的職場生涯有很大的幫助。

本書作者採訪許多人後撰寫出來，因此書裡的事件就像隨時會發生在辦公室裡。七十二個細節分成四大部份，有職場觀念、社會技能、做事態度以及人際互動，每一則都可能發生在我們工作中。

印象深刻的像「細節56：穿著打扮的影響力」，書中主角因為穿著的太過正式，跟老闆去客戶公司開會，被對方公司老闆誤會成他是老闆，從此他就再也沒有陪老闆出去開會的機會，工作上也不再被老闆器重。其實上班時你代表的就是公司，你的穿著也是公司的形象，還記得二十四歲時擔任廣告公司的AE，主管就要求我要穿著的像二十七歲，因為我們的客戶都是廣告主，不能讓對方覺得公司是找實習生來負責他的專案，我收起了我少女風格的迷你裙。

另外在公司還會有其他部門，也不要小看其他人對你的看法，而且你不知道是不是有臨時狀況會需要外出。我就有遇過有同事因為穿著性感，老闆什麼都沒有說，要出去見客戶時，臨時換人負責專案。

關於穿著這種事，主管只會說一次，再來就是個人要去思考的。

「細節03：上班第一天就要開始學習」這一篇也很有感，新人不能有特權，「不好意思，我是新人」只會讓人不放心，而且很多學習是要自己主動。

我就曾經有過類似經驗。那年因為找不到有經驗的人，所以錄取沒有經驗的新人。花好多時間來教B君工作上的技能，一步一步的教，接下來那件事就是要由B君來處理。但B君還是工讀生的心態，每天在等待工作分派。

有次月初，告訴B君這個月某個通路的匯報你練習報告一本書，這本書我已經在其他的匯報說過三次，他出去匯報前告訴他匯報前要先跟我報告一次，結果他拿著自己的手機，照著檔案唸給我聽，我只好說出三個重點請他手寫起來。後來又發生負責直播出錯，直播完成沒有存檔，不會轉鏡頭，現場直播的粉絲團上錄下他慌張的對話和表情。一次又一次的狀況，重要的工作都不敢交給他。

最後是在試用期滿前，他連續二天幫忙接請假同事的電話，沒有留言就掛掉，差點害一個通告開天窗。期間，這三個月也有其他同事代接外出同事的電話，但其他同事都會在我們部門的LINE群組留言提醒。現在很多人都開始不習慣接電話或打電話，這些工作的方式沒有人教但要自己學。我想過是不是應該寫接電話的SOP，但最後決定在發生更大問題前，還是坦白告訴他不適合這份工作。

如果你工作上，常常不知道為什麼主管會忽然很兇？或是為什麼重要的工作總是別人負責？或是事情總是會出問題，使你想要握拳。這本書裡精彩的內容還很多，一定可以幫你成為更優秀的職場人，提早知道這些細節，讓你少踩地雷區，平順一點，才能享受工作的樂趣。

PART 1

職場觀念

正確的職場觀念是每位菁英工作者的基本條件

PART 2

社會技能

專業技能外，
社會技能是踏入職場前
就要具備的能力

PART 3

做事態度

做事態度決定高度以及高效能與效益的專業能力

PART 4

人際互動

正向循環的人際互動
要會做事也要會做人

前言

細節決定命運的關鍵

各種各樣的「細節」以千姿百態現身於我們的生活中，讓人詫異不已，使人防不勝防。當我們說：「如果我做了……就好了。」的時候，實際上就是在說：「我怎麼沒想到？」工作中，需要注意的「細節」太多，沒有人能從中倖免。

災禍往往有一個微不足道的起因。所謂「一招不慎，滿盤皆輸」。那關鍵的、註定你失敗的，並非一眼看不到底的深淵，甚至也不是當時便讓你感覺到踩空的陷阱。也許它只是一顆小石子，你根本沒有覺察。你打了一個趔趄，然後又往前走了，卻不知不覺地走上了另外一條道。直到最後的結果已經鑄成，並且赫然兀立在眼前，你才會在一種追憶中辨認出那個當初你不慎播下禍種的地方，然後捶胸頓足：「我怎麼沒想到啊？」

一個人跌倒了，一定會引起旁人的警惕。當身邊朋友慘烈的悲歎：「我怎麼沒注意這個細節！」又一次傳入我的耳朵時，我就下定了決心做這件事，把別人經歷過的沒想到的細節彙集起來，我希望能從這些故事中得到警示。這兩個月裡，親戚、朋友、不相識的路人，每一個我見到的人，我的第一句話都是：「說說關於你沒注意到的『細節』吧！」

一段時間後，我自覺收穫頗多。原來這麼多的「細節」都能從一個人的思想、性格的深處找到根源，而且很多還是可以有效避免的。他們或者由於經驗不足，或者因為思維定式，或者出於本身的人性弱點，或者只是一點點疏忽大意……。

在所謂決定命運的關鍵時刻，我們總是苦於沒有人提醒，沒有人知道這是決定命運的關鍵。因為，它們是那麼不起眼，我們無法分辨。這是這些故事給我的啟示。

眾樂樂還是獨樂樂？我選擇了分享，好的東西應該把它的功效最大化，我要把我所知道的「細節」與大家分享。於是，這本書就誕生了，我想讓朋友們能在別人身上認清「命運的拐角」，儘可能避免發生與別人相同的失誤。

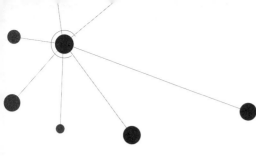

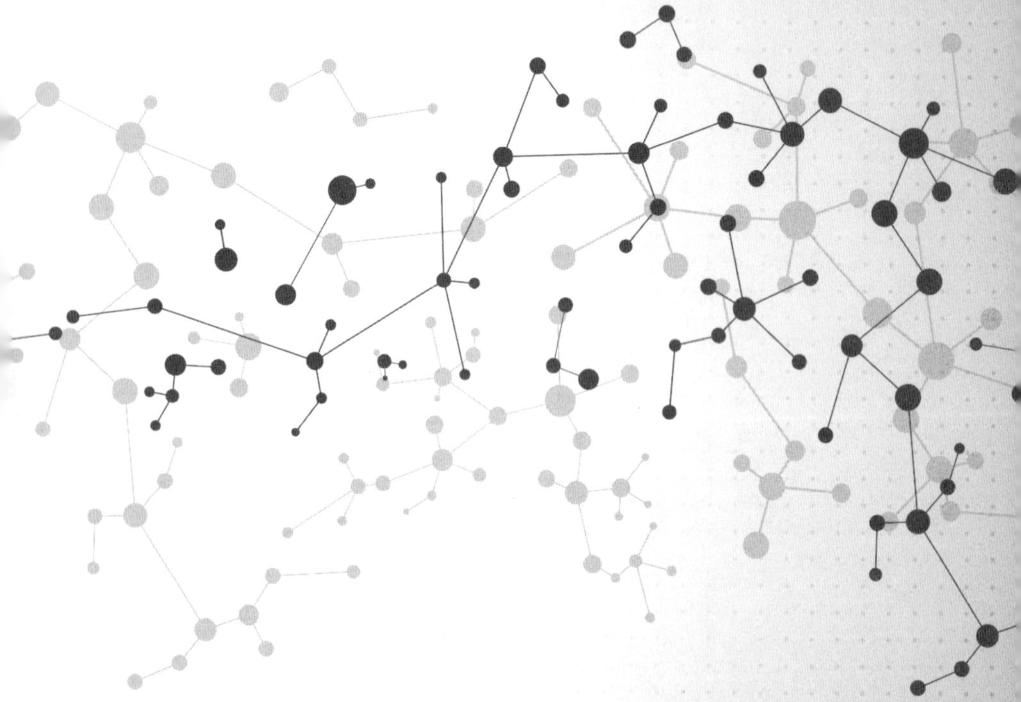

PART 1 職場觀念

正確的職場觀念是每位菁英工作者的基本條件

細節01 名目確實報帳是工作第一準則

能去美國籌組分公司，這是多少人羨慕的好機會！誰想到一頓飯就把這個難得的好機會拱手讓人了呢？這讓石岩非常鬱悶。

失敗也是競爭的資本

當事人：企劃部副部長　石岩

同事們都下班了，我關上了辦公桌的檯燈。黑暗能讓我精神更放鬆。這幾天，神經繃得太緊了，感覺超乎尋常地累。我一直不明白，為什麼公司最後派楊威去美國而不是我，雖然老闆在會議上的講話冠冕堂皇，可我覺得這裡面肯定另有隱情。或者是我有一些事情沒做好，或者是楊威暗地裡進行了活動……。

上個月，連著一星期公司常務會討論的都是派誰去美國矽谷成立分公司的問題。意見主要有兩種：一種意見主張派研發部的副部長楊威去，理由是楊威搞技術出身，工作踏實有經驗；另一種意見主張派我——企劃部的副部長去，理由當然是這兩年的工作成績。我這兩年確實幹得很出色，連總經理都在一次半公開的會議上誇我年輕有為。而楊威去年管理的一個專案卻不盡如人意，不僅造成資金上的浪費，還耽誤了時間，讓別人的同類產品在市場上占盡了先機。兩種意見僵持不下，老闆說要考慮一下。

不久，老闆就在常務會上宣佈了派楊威去，理由是：「這次到美國創立分公司，不是平常的商務談判，談成了大家都好，談不成就說對方條件太苛刻，個人沒有責任。這次創立分公司，責任重大，成敗與否，關係到公司下一步的戰略發展，所以只能成功，不許失敗，否則，就沒辦法向公司董事會交代。

創立分公司，面臨的困難很多，楊威在那個專案上失敗了，他責任心本來就非常強，加上這次失敗，他的危機感就更重。我看中的就是他這種危機感。有過挫折的人，心理的承受能力肯定會強一些，所以，我認為派他去更有把握一些。」

這個理由真是太充分了，連失敗都成了競爭的資本。

細節・是我自己出賣了自己

「哎，跟你說呀，我一直以為會派石岩去呢？」是秘書小張的聲音，不知道她怎麼這會兒還在公司。

「這事兒啊，我知道。」出納小葉的話讓我大吃一驚，馬上屏住了呼吸。小葉壓著嗓門接著說：「上個月，石岩報了一張三千多元的餐費單，上面寫著是請一家媒體的人吃飯。但看單據上面的日期和飯店的名稱，我立刻肯定他請的是他的老婆和孩子，因為那天晚上我正好也在那家餐廳吃飯，而且看見了他們一家人。第二天吃飯的時候，我就把這事跟老闆的秘書小雲說了。小雲知道的事，老闆早晚也會知道的。」

竟然是這個原因。我心中的疑團解開了。

「這次帶好鑰匙了吧？不要又掉這兒。下次我可不會再半夜三更地陪你來拿。」原來是小葉把鑰匙遺落在辦公室了。她們走後，辦公室立刻又靜了下來。理智終於控制了憤怒：「若想人不知，除非己莫為。」所有的行為都會收穫一個結果，怨不了別人，無論是小葉或者小雲，是我自己出賣了自己。

菁英思維　要自我約束，強化道德修養

在這個世界上，並不缺乏有能力的人，那種既有能力又忠誠的人才是每個公司都渴望的最理想的人才。忠誠是公司制度存在和發揮作用的基礎。再完善的制度也會有漏洞，喜歡投機取巧的人會像老鼠一樣有洞便鑽，這種人防不勝防。現代管理學認為，員工的忠誠是公司核心競爭力的重要組成部分，沒有忠誠的員工，公司遲早會在殘酷的市場競爭中被淘汰出局。所以，我們身為公司員工，要自我約束，強化道德修養。

細節02 對競爭對手有利的資訊都是公司機密

什麼是公司的機密，從字面上來看，很好掌握，一切對競爭對手有用的資訊都可以稱為公司的機密，但在實際工作中又不是那麼好掌握。

臨時取消的美國行

當事人：公司職員　安琪

「安順姬還沒有離開北京呢？」我一聽，立刻明白又是米麗。米麗是安順姬的狂熱歌迷，這兩天一天一個電話說的都是安順姬。

「沒空理你啦，我還要工作呢。我現在要去給總經理送件，掛啦。」我馬上放下了聽筒。這幾天，我都快忙得不知自己姓甚名誰了。終於給總經理的美國之行備齊了要用的所有文件，抱著整理好的文件，我走進了總經理的辦公室：「李總，文件給您備齊了。機票也已經預訂好了，下午三點。」

「噢，這次去美國的計畫取消了。這些文件暫時也用不上了，你先收好。通知公司高層主管開會，馬上！」坐在辦公桌後，總經理兩眼浮腫，顯得極其疲憊。

不去美國啦？怎麼回事？因為是秘書，所以公司的一些大事多少也知道一些。據我所知，總經理的這次美國之行對公司將來的發展可是舉足輕重的呀。我也不方便多問，只是輕輕退了出來，迅速準備會議室並通知王副總他們開會。

會議由我做記錄。原來是我們公司與美國公司的發展計畫洩密了，另一家公司捷足先登，已經與美國方面簽訂了合約。當總經理說起這家公司的名稱時，我的手停在了半空。這家公司正是米麗的C公司。「可惡的米麗！」我幾乎要忍不住失聲叫起來了。

細節・閨蜜的熱切關心

那天，在C公司工作的米麗說，有人送了她兩張韓國歌手安順姬第二天晚上在首都體育館的演唱會門票，約我一起去看。

晚報上說，韓國歌手安順姬前天到北京了，住在北京國貿站的中國大飯店。昨天上午，她到天安門城樓遊覽，從韓國趕過來的上百名歌迷，加上一些中國歌迷，就跟著安順姬的車，從中國大飯店一路追到了天安門；安順姬參觀完後，歌迷們又跟著她的車跑回了中國大飯店。

米麗也真夠厲害的，這樣的票也有人送。雖然不是追星族，可我也很喜歡聽安順姬的歌，於是一口答應下來了。

到了首都體育館，米麗已經等在門口了。「安琪，你的臉色可顯得有些憔悴噢，這兩天太累了吧？」米麗盯著我的臉，很心疼地說。「是嗎？這兩天就是有些累。我們總經理過兩天要去美國出差，很多文件要整理，都連續加了兩晚的班了。一會兒演唱會完了，我還得回家加班去呢。」這些日子太忙了，我忍不住有些自憐起來。「當心變成黃臉婆沒人要噢。」米麗捏著我的臉笑道。

演唱會很精彩，整晚我都揮舞著螢光棒，手都酸了。現場的氣氛就是不同，好幾天我都沉浸在演唱會的後續熱情中，工作幹勁十足。

我怎麼也沒想到，這一切都是一場騙局。米麗從我的話裡猜測出我們公司的計畫；

貌似關心地一天幾個電話，無非想知道我們的進度罷了。我真是太傻了，竟然相信她是在關心我。

菁英思維　小資訊大情報

什麼是公司的機密，從字面上來看，很好掌握，一切對競爭對手有用的資訊都可以稱為公司的機密。但在實際工作中又不是那麼好掌握。有時，朋友見了面，說話時可能不太注意，說某某總經理昨天晚上跟某某一起打網球，或者後天總經理到什麼地方去出差等等。

這些說者無意，聽者有心，競爭對手或許就能從這些資訊中，找到對自己有用的資訊，這些資訊對對手來說就是情報。

現在商業競爭非常激烈，說不準什麼時候人家就用三十六計來對付你了。所以，我們一定要保持高度的警惕，謹防一句話就帶來驚天之禍。

細節03 上班第一天就要開始學習

戰場上，沒有人因為說「我是新來的」就能免於遭遇子彈。商場如戰場，所以，當你說出「我是新來的」，得到的不會是同情，只會是輕視。

一通關鍵的電話

當事人：企劃部　梅麗

昨天下午，我被主管狠狠地訓了一頓，並警告我，如果我再告訴客戶「我是新來的」，那就捲舖蓋走人。我怎麼也沒想到，一句話會關係到我的職場命運！

早晨一到公司，我就收到一家媒體發來的傳真，共五頁。我看了一下，是個策劃方案，便擱到主管方林的辦公桌上。從他的辦公室出來，我就不知道幹什麼好了。我到公司兩星期了，每天就是收發一下傳真，接個電話什麼的，實際上就是打雜。

我想問問同事鄒凡，她每天那麼忙，似乎同時在運作幾個專案，想跟她學學，爭取儘快從事具體業務。可是同事們似乎都特別忙……。

正當我在百無聊賴地翻著一本電腦使用手冊時，桌上的電話鈴響了，我拿起話筒：「您好，我是企劃部的梅麗，請問您是……？」「我是A媒體的李明。我找方林，請他接電話。」「對不起，他現在不在，有什麼事我能代為轉告嗎？」我說。

頓了一頓，對方說：「剛才給你們的傳真收到了吧？能告訴我你們公司在鄭州分公司的聯繫電話嗎？」鄭州分公司，我趕緊找公司簡介。可是平時隨處可見的公司簡介現在就是找不著：「傳真收到了，我是新來的，我不知道他們的電話……。」「噢，鄒凡在嗎？請她接一下電話。」鄒凡接過話筒，深深地看了我一眼。

細節・主動是新人的基本條件

下午，方林把我叫到了辦公室：「你知道嗎？當你對別人說『我是新來的』的時候，等於就是在告訴人家『我是糊塗蛋』，不管你的態度多麼謙卑。」方林很生氣，聲調也提高了：「都兩星期了，你怎麼連分公司的電話都不能準確地告訴客戶？這兩星期你幹嘛去了？」

我有些不服的回應：「像考勤、收發傳真這類雜事都是我在做呀。」方林說：「此外的時間呢？如果你不想馬上走人的話，那要學的東西實在太多了。譬如說吧，瞭解公司的組織結構，公司有哪些部門、它們具體負責什麼業務，公司有哪些分支機構等等。像今天人家問分公司的電話，平時稍微留心一點，就能告訴人家了。還有公司的經營方針和業務流程，如果都知道了，那麼日後工作的開展就會容易得多……。」

停了停，方林似乎是在調整自己的情緒，「梅麗，主動，是公司對員工的基本要求，沒有人會幫你，除了你自己。過去我們部門也來過幾個新人，就是因為不主動，等其他人來教自己，結果老是進不了狀況，最後，都是走人了事。」

我的臉開始發燙。是的，總不能在戰場上跟敵人說「我是新來的，不要朝我開槍」，商場如戰場，很多東西必須自己主動。之前我怎麼沒想到呢？我幾乎白白浪費了兩個星期的時間，這兩星期能學多少東西啊！

菁英思維

第一天上班就要開始學習

每個人都有這樣一個過程，因為你是新來的，對公司需要一個熟悉的過程，主管不可能一下子交給你什麼具體工作。可是，你千萬別找不到方向，要利用這段時間，瞭解公司的組織結構、經營方針和業務流程等。此外，對一些產業知識也要熟悉。比如一個家電公司的員工，對家電行業和市場應有一定的瞭解，包括同行業廠商的數量和分佈、總產量、大致價格，本公司的主要競爭對手、他們開發的新技術或新產品、整個產業的發展趨勢等。

這樣，一旦工作交代下來，你就能很快進入狀況。遇到不懂的地方，你有權向老員工請教。沒有人會主動手把手教你。

只有「自動自覺」工作的人才能暢遊職場。如果你只是稀裡糊塗地過日子，終日百無聊賴，那麼等著你的肯定是「走人」。

細節04 員工的言行舉止都代表公司

每個員工的身上都會留下公司的印記，所謂「一葉知秋」，公司外的人也總是把每位員工都看成公司的代表。作為員工，一定要注意自己一天二十四小時都代表著公司的形象，而不僅僅是在公司工作的八小時期間。

失去合作夥伴

當事人：專案主管　安裴

早上剛到公司，總經理就把我叫到了辦公室：「安裴，你負責的那個專案，我們要放一放再做了。」「為什麼呀？不是做得好好的嗎？」為了這個專案，我在公司耗了多少個日日夜夜。現在漸顯眉目了，總經理卻告訴我項目不能做了，我以前的心力都白費了，這怎麼可以？

總經理無奈地攤開了雙手：「你費了好多心力，這我都知道，這樣的結果公司也是特別不願意看到的。這一切真的都是不得已而為之。因為W公司突然決定和我們解除合約了。你知道，這個專案如果沒有他們的資金投入，僅靠我們的力量是沒法做的。現在他們要抽出投入的資金，如果我們繼續做，公司的流動資金就會出現問題。我想，你也不希望看到我們公司因此而被拖垮吧。」

總經理都說出這樣的話了，我又能怎麼樣呢？我默默地從總經理辦公室裡走出來，沮喪極了。把這樣一個有市場前景的專案把它「打掉」，真讓人懷疑W公司的主管們是腦子進水了還是吃錯藥了。我知道這個專案的真正價值，放棄它我真的不忍心。

「既然是W公司的人要解約，那好，我找W公司的人，問問他們到底為什麼要解除合約。」打定主意，我馬上出門了。

細節・公司資源不能占為己有

很快地，我找到了W公司負責這個專案的李經理。自我介紹後，我很快切入正題：「能解釋一下為什麼要結束這個專案嗎？如果這個專案成功，它帶來的市場價值將會使我們兩家公司都進入一個新紀元。」

「這個專案的市場價值我很清楚。至於為什麼不與貴公司合作……」李經理沉吟著。「我希望能得到您真誠的回答。」我注視著他的眼睛。「好吧。我就直接跟你說吧。」

李經理好像已經做了一個決定，「我們不是不想做這個專案，而是不想與你們公司做這個專案。這幾天我們已經在接觸一些公司商談合作事宜了。其實，決定不與你們公司合作只是源於一件小事。我的太太是一位老師。一天晚上她把學生作業帶回家批改。在那堆作業中，我偶然發現了你們公司的專用紙張。想想，一個公司的普通員工都從公司占便宜，我們怎麼放心把錢投到這家公司去呢？」

我的臉在發燒，我感到自己沒有理由說服李經理再續我們的合約了。

菁英思維

員工代表公司文化的體現

公司任何員工的言行都代表著該公司的獨特文化，從一個員工身上往往能看到公司的影子，所以，個人與公司的整體利益是密切相關的。每位員工的工作都會反映出老闆和員工之間的文化聯繫，公司的發展需要每位員工的維持。

細節05 隨手關燈是對公司忠誠度的表現

開燈怎麼會導致丟工作這麼嚴重的後果呢？難道老闆們真的是不講情面、不講道理、專橫跋扈的人嗎？

為什麼被公司留下來的人不是我

當事人：公司新人　小林

「為什麼光亮留下了，我卻不能？」我在心裡不斷地追問自己，然而答案還是不知所以。沒有原因，我不知道自己到底錯在哪裡？

今天是三個月試用期的最後一天。在進公司的第一天，老闆就告訴我和光亮：「雖然我們公司一開始的計畫只招聘一個人，但你們都很優秀，我思量再三還是難以取捨，所以我們就用三個月的試用期來決定吧。當然也不用擔心，如果兩位都證明自己確實是人才，我們可以都錄用。對於人才，公司總是嫌少的。」

這三個月來，我日日小心謹慎，早起晚睡。當然付出了就有回報，公司業務我很快就上手了，而且還對公司以前的兩個方案提出了改進意見，總經理很滿意。

光亮也非常優秀，思考問題特別周全，我有個方案就是由於他的提醒才完備的。隨著合作的深入，我們是競爭者也是朋友。對這種狀態，我們都很滿意，而總經理也好幾次做出暗示，他會把我們兩個都留下。可是最後居然全都變了，我決定找總經理問清楚。

細節・隨手關燈是美德

我還沒有找總經理，總經理就先來找我了：「老實說，小林，你這三個月的表現確實不錯。而且你的思維活躍，創新意識很強，直到五天前我都是想把你留下來的，是一件事讓我改變了主意。五天前，深夜十二點的時候，我路過你的宿舍，發現你房裡的燈亮著。我當時心裡還想著：這傢伙太用功了，要提醒他注意身體呢！」

總經理喝了口水，接著說：「早上進來公司的時候，看到你和光亮走在前頭聊著呢：『你昨晚幹嘛去了，房裡的燈亮了一宿。』『我昨天去同學那兒啦，肯定是忘關燈了。』『那現在去關了吧，反正有時間。』『麻煩死了，要上班了，反正不用交電費，讓它亮著吧。』就那件小事，我認為你不太適合我們公司。」聽了總經理的話，我無言。

菁英思維　對公司忠誠的員工

小林雖然只是忘了關燈，但體現的是一個人的道德問題。一個道德有問題的人怎能奢望他對公司忠誠呢？留一個高才能卻不忠誠員工在身邊等於給自己綁了一顆定時炸彈，總經理又怎麼會留下小林呢？

公司往往更心儀於對公司忠心的員工，因為，員工對公司的忠誠將大幅度提高公司的經濟效益，增強凝聚力，提高競爭力，降低成本，使公司在風雲變幻的市場中立穩腳跟。

對一個職場人士而言，忠誠可以有效地使自己和公司相結合，把自己真正當成公司的一份子。

細節06 整潔有序的辦公桌是工作效率的展現

都說「做大事者不拘小節」，辦公桌的零亂又算得了什麼呢？為什麼就成了升職的絆腳石？上級的理由是什麼？

會計主管的升遷機會

當事人：會計　李玫

最近，我們公司的會計主管跳槽了，如果公司沒有「空降部隊」的話，應該就是我升職了。講資歷，我雖算不得是元老級人物，但也稱得上是老資歷；講能力，這些年雖然沒有做過很出色的工作，但經手負責的帳目也從來沒出現過大問題。

我拜託總經理辦公室的林琳打探消息。林琳告訴我，總經理的意思還是在內部選拔為主。聽到這樣的口風，部門裡的同事有幾個都在私底裡嚷著要我請客了。誰知，一星期過去了，我這裡還是一點動靜都沒有，而同事小劉頻頻被主管叫去談話，我覺得情況有些不妙。靜待一週，果然，小劉的晉升消息就公佈了。

看著喜氣洋洋的小劉，我的心裡極不平：「為什麼是他呢？雖然他有過幾次出色的表現，但畢竟資歷淺啊。」我要好好想想問題究竟出在哪裡。

這時，總經辦的林琳風風火火地進來了：「李姐，你這次倒楣就倒在這張桌子上了。」

細節・凌亂的辦公桌面

原來最早進入總經理眼中的人選是我，但在實地考察中，發現我的辦公桌是部門裡最零亂的，而人家小劉的則是最整齊的。

要是一次兩次也就算了，可每次來都是這樣。總經理由猶豫而變為堅定地否絕了。再查看小劉的工作表現，總經理就決定由小劉來做會計主管。

「一個書桌上堆滿了檔案的人，若能把他的桌子清理一下，留下手邊待處理的一些，就會發現他的工作更容易一些。這是提高工作效率和辦公室環境品質的第一步。」總經理還引用了一個美國領導人的話做總結。

「李姐，其實總經理對你的工作還是很滿意的，他經常誇你做事麻利。」離開時林琳也不忘記安慰一下我，真是個好人。感謝林琳告訴我事情的真相，不然，我這個心結也不知道多久才能解開。

抬眼看看小劉的桌子，果然清爽得很。想著也是，換作我是主管，如果一走進辦公室，抬眼便看到你的辦公桌上堆滿了信件、報告、備忘錄之類的東西，就很容易讓人感到混亂。

其實，這樣的辦公桌對自己也會產生一種很不好的心理暗示：這種情形會讓你覺得自己有堆積如山的工作要做，可又毫無頭緒，根本沒時間做完。面對大量繁雜的工作，你還沒開始做就會感到疲憊不堪。

零亂的辦公桌無形中會加重你的工作任務，沖淡你的工作熱情。這麼多年的壞習慣，我卻是第一次意識到。若不是這次教訓，我的壞習慣也許還會延續下去，直到某一天，碰到更大的事。這樣想想，應該感謝這次失敗的升遷經歷。

下班，離開公司之前，我第一次把辦公桌收拾乾淨了。

菁英思維 **提高工作效率的第一步**

要想高效率地完成工作任務，首先必須保持辦公環境的整潔有序。這是提高工作效率和辦公室環境品質的第一步。

細節07 忠誠敬業為自己工作的心態

保險的作用只是預防，要想達到真正杜絕隱患，只有俗語說的最有效：「若想人不知，除非己莫為。」

在公司搞副業

當事人：公司職員　小暢

當我被老闆抓住幹私活時，老闆讓我收拾東西走人。我真沒想到，自以為天衣無縫的計畫，竟早已被老闆鎖定目標。

老闆經常安排我寫些報導，並給我規定時間。我總是拼命幹活，除了睡覺，幾乎擠掉了所有的休息時間。然後並不忙著交差覆命，而是把節約下來的時間，視作「外國禮拜」，留給自己做私活。為了防範老闆突襲查崗，避免尷尬，我安插了通風報信的「消息樹」。

某日，老闆叫我給報社寫一篇報導，給了三天工作時間，我只用了一天。剩下兩天，都用來給雜誌社寫稿。那天，私活正幹得熱火朝天，只聽到門口財務部辦公的地方傳出幾下敲擊聲。知道財務主管給我示警了，我趕快做緊急處置。

待老闆走到我的跟前，電腦顯示幕早已是另外一番模樣了。日久天長，掌握了老闆的一些規律。比如，老闆的車庫就在窗外的五十公尺處，他的車一般停在庫外。車在，說明人也在。車不見了，說明人已經外出了。這樣一來，玩「捉迷藏」，老闆就更不是我的對手了。但都說「人有失手，馬有失蹄」，這話可是一點不假。

細節・沒有天衣無縫的計畫

春節前吩咐要寫總結，給了三天時間，我兩天就寫完了。餘下的那一天，車庫外始終不見老闆的車，想必外出了，我便放心地搞起了副業。誰知剛打完文章的草稿，就聞到了熟悉的刮鬍膏的味道。朝那香風側過腦袋，只見老闆面無表情地站在身後。他一言不發，足足站了三十秒，然後轉身走了。

說來也是我太倒楣了。財務主管剛好去稅務處，「消息樹」離崗了。那麼車呢，怎麼也反常了？事後，秘書道出了原由：「老闆的車送去修理了，今天，他是搭計程車上的班。」一個星期後，老闆讓我去財務部領了三個月的薪水，以後我就再不能與老闆玩「捉迷藏」了。

菁英思維　年輕人起步的方法

金融界的傑出人物羅塞爾　塞奇說：「單槍匹馬、既無閱歷又無背景的年輕人起步的最好方法是：首先，謀求一個職位；第二，珍惜第一份工作；第三，養成忠誠敬業的習慣；第四，認真仔細觀察和學習；第五，成為不可替代的人；第六，培養成有禮貌、有修養的人。」

不管老闆在不在，不管主管在不在，不管公司遇到什麼樣的挫折，你願意去全力以赴，你願意幫助公司去創造更多財富，這就是做主人的心態。如果你有為自己工作的心態，你要具備做老闆的素質。如果你是在為別人工作，必須靠別人的監管控制才肯努力工作，那你註定一輩子是個打工者。

記住，與老闆玩「捉迷藏」，受傷的絕對是你自己。

細節08 養成時時記帳的工作習慣

「公」、「私」是一對反義詞，可見，公私是不能混在一起的。而公私財物更不能混在一起。

年終的聯歡會

當事人：公司職員　丁潔

去年年底，老闆沒有給我發年終獎金，因為年終聯歡會沒有準備好。

其實我們公司人不多，也就幾十個，準備些物品，佈置個會場什麼的，都難不倒我。以前我就經常和同事們一起做公司的展會，而且還是規模比較大的展會。其實只要我能按正常水準發揮，這個聯歡晚會雖說不能弄得多麼光彩奪目，至少不丟人現眼，我絕對是能做到的。

可是，就這麼一個十足把握的任務，最後竟讓我弄砸了……我內心特別後悔！

其實，把事情弄成這樣，只是我的一點點不小心外加一點點懶惰。這事開始都進行得挺好的。我把要買的東西逐一列清單，然後去財務部領完錢後，就開始張羅著買東西了。有些可以網購，有些則需要去市場。我這人做事一向風風火火，效率頗高，也正因為如此，總經理才把這事交給我處理。

事情終於有個輪廓了，心下不禁輕鬆起來，想著也應該把這幾天的帳目好好歸整歸整，以便和財務對賬。可這一查帳目，問題來了，因為線上線下購物，再摻雜自己的花費，賬是對不上了。

時間一天一天地過去了，可我還找不著款項的類目。不管怎麼不願意，開聯歡會的時間還是準時來了。總經理細細一看，還有好多準備活動沒完成，急了「這麼久的準備時間，什麼效率？年底獎金全扣了。」

細節・公私帳目要分開

這件事完全是我咎由自取，怪不得任何人。我為什麼對不上帳？其實說起來特簡單：我把自己的錢和公司的錢弄混了。

我這人平時對錢總是不上心，錢包裡向來只記大約的數目不記具體數目，自己花的錢更是沒有絲毫印象。

買完東西也沒有記下物品的價格和數目，因為想著有發票和手機，就懶得麻煩了。每次從財務領的錢總是或多或少，少不得我從中或添數或減數……。

這事本來還不亂，只要有發票，我總能算出哪些是自己的錢，又有哪些是從財務那兒領的錢。糟糕的是，我把發票丟了，這樣一來，簡單的事情就變得無比複雜。

菁英思維

時時記帳，事事入帳

無論是個人還是公司，財務問題永遠是最重要的問題。只要涉及錢，就需要我們更加細心謹慎。很多人想當然地以為公司裡只有財務人員才需要清楚的帳目表，需要時時記帳，需要事事入帳。

丁潔肯定也是這麼想的，所以她以為只要有發票，就算自己的錢和公司的錢混在一起，就算這筆錢和那筆錢放在一處，也能分清張三和李四的。結果呢？都說「小心駛得萬年船」，工作中任何看似簡單的事其實都暗含險情。

細節09 公司不是請你來養病的

職場搏殺中，哪容得文藝片裡那病懨懨的女主角。想用「我病了」當藉口逃脫工作，那只能等著喝「西北風」吧。

公司的例行健檢

當事人：公司職員　雲夷

人們對於弱者總是會產生一種莫名的同情，弱者的錯處也總是更容易被原諒、被寬恕。但，這種常理並非就能暢遊天下。我因為這種誤解，如今還停職在家。

上次，公司集體體檢，竟查出肝還是什麼器官上長了個血管瘤。鑒於公司體檢誤差較多，就去大醫院複檢，說是天生的，暫時對健康無大礙，但是有隨時惡化的可能，平時要注意休息、健康養生等。

消息一傳開，同事們紛紛上前安慰，連老闆見了面也要問候一番。其實我倒沒什麼想法，一生不就幾十年光景，只要平常沒事就行。所以行動還是爽朗如故：「沒什麼，就是突然覺得自己好像悲情文藝片女主角，好不容易功德圓滿，最後突然再見，留下男主角悲傷一輩子，哈哈哈。」同事們聞言多開懷大笑！

我這人本來就挺懶的，現在又有了醫生的金科玉律，更是有恃無恐了。平日裡同事聚餐，我開始注意葷素搭配，最後總吃一碗白飯、一份水果。

下班了，老闆說：「同志們，這幾天大家辛苦點，趕完這個專案，我一定好好犒賞大家。」我總是隨後就應著：「我不舒服，想先回家。」雖然老闆有些不快，但我是病人，應該得到照顧的……。

細節・公司不是慈善機構

我錯了，完全錯了，我根本就沒有弄明白老闆的心理。這年頭，在職場搏殺，哪裡還容得下什麼嬌滴滴的「文藝片女主角」！老闆會同情弱者，會理解病人的苦，但公司不是慈善機構。當初我怎麼就沒有想到這一點呢？

年底，老闆把我叫到辦公室，用滿含著同情的神色對我說：「小雲，我知道你身體不好，我們這兒工作也確實太累了，我真是不忍心看你再這麼受累了。這樣吧，還是身體要緊。年後，你就先在家裡養著吧，等身體好些再來。畢竟身體是一切的本錢嘛。」

老闆這哪是什麼關心呀，明明就是要辭了我嘛。

菁英思維　病死還是餓死的選擇

公司存在的目的主要是創造利潤，公司雇用員工的目的是讓員工給公司帶來利潤。公司不是慈善機構，弄一個病病歪歪的人在眼前，老闆心裡本來就添堵了，如果你再嬌嬌滴滴地整日裡當「林黛玉」，恐怕沒有一個老闆會不勸退你的。

所以，如果沒有大病，最好還是不要隨意請假。否則，沒病死，倒會先餓死了。

細節10 請別人幫忙打卡，薪水別人也會幫你領

很多公司都打卡上班，就算是打卡也不能馬虎行事。否則，一經主管察覺，事情就不妙了。

讓同事幫忙打卡

當事人：公司職員　李玉仁

經過週末的狂歡，週一上班時人總是顯得有點疲憊。我起身泡了一杯濃茶提神，繼而又奮筆疾書主管交代的總結。

「李玉仁，主管有請。」主管秘書小楊笑眯眯地走過來。真不知這女孩怎麼每天都能步履輕盈，笑容滿面。

聽到小楊的話，我就有點怵。我們主管是一個喜歡在上午處理問題的人，所以，我們都儘量避免成為第一個被他召見的人，特別是當你們兩人的確有問題需要商量時。下午兩點鐘，主管較容易聽進意見，較可能幫你解決問題。

可是他既然發話了，總不能不去吧。我戰戰兢兢地走到主管辦公室，敲門進去，果然，主管臉色陰沉。「主管，您找我？」沒辦法，我這人就是怕主管，一和主管講話就臉紅、心跳、不利索。

「你週五是怎麼回事？」「週五？」我在腦子裡快速地搜索關鍵字，沒有什麼特別的呀。一早上班，修改了一個策劃書，給客戶發了一些郵件，接了一些電話，又打了一些電話……做錯什麼事了？

見我沉默不語，主管的臉更陰了：「我是說，你打卡了嗎？」「打卡，一早我就打卡上班的呀？」我很不解。「你的打卡記錄上顯示的是八點三十分。可我記得那天下著雨，我在路上見你沒帶傘，就把你捎來了，我們一起到達公司，是九點整吧？」「啊？」我驚呼著。

細節・鑽漏洞百密一疏

我們單位上下班都要打卡，一開始大家都老老實實按時打卡。後來發現有洞可鑽，不少人便讓別人代打。由於我住得比較遠，所以總是把卡擱在一同事那裡，讓他到時就順便幫我把這事也辦了，所以每月的考勤總是滿分的。

當然，每月我都高高興興地拿到了全勤獎金。我一下子明白了，肯定是上週五，那同事見我沒到，按常規幫我把卡打了，誰料想我竟是和主管同車而來的呢？這事露餡了。可是，這怎麼能跟主管說呢？我只能把頭埋得更低了。

「讓人幫你打卡很好呀，考勤分總是滿分。難怪你們的考勤總是那麼好，原來是有水分的。你們不要以為利用機器的一些漏洞就可以逃避公司的管理制度。這次，我一定要嚴懲這種風氣。」主管說得義憤填膺，我的心隨著那句「嚴懲這種風氣」從谷底又沉到了深淵。

菁英思維　投機取巧無法永遠得利

從某種程度上來說，在公司，乃至整個社會中，都存在這種投機取巧的風氣，投機取巧或許能一時得利，如果以為這些取巧手法是成功秘訣，那你就大錯特錯了。

對於一個合格的領導者來說，公司就是他的第二生命，公司老闆會怎樣看待這些所謂的「技巧」呢？當然，他們或許會被你一時的伎倆所矇騙，但是又能騙多久呢？一分耕耘，一分收穫，要成就事業就必須有所付出。

細節11 最理想的工作完成期是昨天

時間就是生命，魯迅先生說「浪費別人的時間就等於謀財害命」；對公司而言，時間就是利潤。所以，對於員工而言，一定要在老闆交代的時間內完成任務。

老闆要到國外出差

當事人：部門主管　劉松

老闆要到國外出差，而且要在一個國際性的商務會議上發表演說。我們幾名部門主管忙得沒日沒夜的，整日裡暈頭轉向、頭昏眼花。老闆到國外出差所需的各種資料都要我們準備妥當，當然，包括演講稿在內。

在老闆出國的那天早晨，各部門主管也來送機。市場部主管王能問我：「你負責的文件準備好了沒有？」

我忙到凌晨才躺下，這會睜著惺松睡眼，說：「凌晨四點的時候，我實在抵不住瞌睡蟲的蠱惑，就趴在辦公桌上睡著了。我負責的文件是用英文撰寫的，老闆看不懂英文，在飛機上不可能重讀一遍。等他上飛機後，我回公司把文件發給他，等他一到就能收到。」

每個人都會在心中對自己進行的事情進行籌畫。這時的前提就是你只考慮了自己的主觀因素，而每個人的主觀因素都是不同的，這時很多計畫、籌劃不得不隨著客觀因素而改變，也就是所謂的人算不如天算，這是我在經歷這事後的體會。

細節・謹記工作期限

轉眼，老闆抵達，第一件事就是盯著我問：「你負責準備的那份文件和數據呢？」我就按自己的想法告訴老闆：「我一會兒給您發過去吧。」老闆聞言，臉色大變：「怎麼會這樣？我已經計畫好了，利用在飛機上的時間，與同行的外籍顧問研究一下自己的報告和資料，別白白浪費我坐飛機的時間！」

回到公司，我拼盡全力趕完那份英文檔案，可我知道，無論怎麼趕都不可能達到老闆要求的時間期限。想起老闆那張臉，我就能預料到以後我的晉升之路會走得很艱難。可是，我怎麼會想到老闆就那麼急著要那份資料呢？

作為一名員工，千萬不要自作聰明地設計工作，期望工作的完成期限會按照你的計畫而延後。成功的人士都會謹記工作期限，並清晰地明白，在所有老闆的心目中，最理想的任務完成日期是：昨天。

菁英思維　羅馬一日建成也不算快

記住，在所有老闆的心目中，最理想的任務完成日期是：昨天。

特別是在今天，商業環境的節奏，正以令人目眩的速度飛快運轉著。大至公司，小至員工，要想立於不敗之地，都必須奉行「把工作完成在昨天」的理念。

老闆是百分百的「心急」之人，為了公司的生存、發展，他們恨不能把一分鐘都掰開來用，在他們看來，羅馬一日建成也不算快。所以，要老闆白花時間等你的工作結果，他該有多著急啊！

在羅馬應該於昨天建成的心理狀態下，對老闆交代的任何工作，都要在第一時間內處理，爭取在老闆期望的工作時限前完成。

細節12 工作步調快慢都有學問

職場中，太激進很容易把自己掏空，後勁不足，從而使自己處於進退兩難的境地。

幫公司做媒體宣傳

當事人：公司新人　文露

兩年前，我剛剛從一所大學中文系畢業，滿懷著對事業的憧憬。在校園徵才的最後，我與一家中型日用化工公司簽訂了協定，應聘到該公司工作。

前半年，我的工作特別出色。當時公司給我制訂的具體任務有兩項：每月編發三期企業報，並在市級以上的新聞媒體發稿四篇。

在短暫的熟悉情況後，初出茅廬的我充分發揮了在大學時辦校報的經驗，很快就進入狀況，跑市場、收集素材、制定選題、給新聞媒體送稿、改稿，每天忙得不亦樂乎。

皇天不負有心人，當月我一人就在市級新聞媒體中發稿四篇，第二個月又實現了該公司在省級報上零宣傳的突破。成績令我鼓舞，從此便一發而不可收拾，幾乎每月都要在市級新聞媒體中發稿十多篇。

一時間，我在公司裡猶如一顆冉冉升起的新星備受關注與重視。半年中得到了老闆的多次表揚，主任也對我喜愛有加，一些大的活動策劃，一些重要文件的編寫，都直接交由我來主導組織進行，一些對外活動也經常點名讓我參與。

可是事情並沒有按這樣的軌道發展下去。到了年底工作考評時，在公司系統的三十名員工中，我的民意測評竟排在第二十六位。

如今，我早已從這家公司黯然離開。回想當初的經歷，我覺得自己犯了一個致命的錯誤。

細節・只進不能退的困境

鋒芒畢露、急於求成是我敗走麥城的原因。

工作上高起點開始，使我陷入了只能進不能退的尷尬境界。由於我前期對公司宣傳資源的過度開發，到後來竟出現了斷檔現象，媒體對我們公司的報導力度有所減弱。

這時，主任發話了，對我的工作進行了批評，說幹工作要持之以恆，不能只有三天的熱情。經過前一階段的運轉，我認識到，偶爾在市級以上新聞媒體發稿時來個小高潮是有可能的，但想長期維持下去是不可能的，是我自己讓自己陷入了這樣尷尬的境地。

所謂「高處不勝寒」，這種感覺我是深深體會到了。

菁英思維　一步一腳印

工作上不能太激進，得一步一個腳印向前走，慢慢積累「資本」，打牢根基，厚積而薄發，這樣才能走得穩、走得遠。如果一開始就把自己的積累開掘完全，就會導致文露這樣的問題，高起點的開始逼迫你只能一路上揚，如果有一天出現無以為繼的局面，那麼立刻就會摔下來。

確保收支平衡才是正理，不管是什麼，使用過度就意味著失去。

細節13 對於老闆的指令要有判斷的能力

對於老闆，服從不等於遷就。員工不是機器，要有自己的是非判斷，對老闆的命令要有選擇，因為老闆也是普通人，也會犯錯。

雜貨店老闆

當事人：待業人士　葛兵

當年，我來北京都幾個月了，還沒有找到工作。吃飯問題已經成了懸於頭頂的利刃了。一大早，我就到街上遊蕩，希望能找到一份工作解決吃飯問題。正走著，路邊的一則廣告吸引了我，是一家雜貨店的招聘廣告。我大喜，立刻整整衣服，昂首前往。

老闆問我：「假如我雇用了你，你能保證完全服從我的安排嗎？」我朗聲答道：

「我非常樂意聽從您的安排，老闆！我保證我會是一個好店員。」

老闆又問：「如果我告訴你白糖品質上乘，實際上合有雜質，你會怎樣對顧客說？」「我會告訴顧客白糖品質上乘，並說服他們購買。」

很好！如果我告訴你咖啡是純淨的，而裡面摻了大豆，你又怎樣向顧客推銷呢？」

「很簡單，我會告訴他們，本店一向重譽守信，絕對不可能賣摻了大豆的咖啡。」

「好極了！」可老闆的聲音是冷冷的，他看了我幾秒鐘後接著說，「小夥子，看來我雇不起你啦。」「為什麼？老闆，我需要這份工作，非常需要！」我詫異萬分。

細節．不可以欺騙上帝

然而，老闆的眼神依然是冷冷的，他慢慢地說：「一流的騙子需要一流的價錢。所以，我雇不起你。」「老闆，您誤會了。」我滿臉的不解、委屈。老闆似乎有些為我動容了：「可是，孩子，服從不是遷就。而且，千萬不能用自己的品格去交換工作的機會。『顧客就是上帝』，對待上帝，我們不能存在任何欺騙之心。」

「可是，我真的非常想得到這份工作。」老闆拍拍我的肩：「孩子，我這裡不需要你。但一定會有一份工作在不遠的地方等著你。」沒辦法，我只能走出雜貨店。

很多年過去了，我總記得那個雜貨店老闆描述工作的神情：虔誠、純淨。後來我也終於明白了，工作確實是上帝安排的，對於工作，你要真誠，對於老闆，你要服從，但不能遷就。

菁英思維　真誠與不遷就

千萬不能用自己的品格去交換工作的機會。對於老闆，服從不等於遷就。老闆畢竟也是凡人，如果一味遷就，無論對錯，那麼，也就阻斷了老闆自我改進的一條途徑，從而影響公司的發展。

當公司不存在時，工作又會在哪裡呢?對於工作，你要真誠；對於老闆，你要服從，但不是遷就。

細節14 面試者的自信勝過服裝品牌

本來極為成功的面試，沒想到最後竟然砸在這套給自己壯膽的衣服上面，真有欲哭無淚的感覺！

應付面試的服裝

當事人：廣告人　小燁

記得有人說過：「我們生活在一個殘酷的社會，一切都取決於第一印象。」大四找工作的時候，女生恨不得都去整容，男生好像一夜之間也都習慣了穿西裝。

我一向很相信形象加分這類概念，看到身邊同學給自己添置了幾套衣服，以備面試之用，我也坐不住了。大家都說，從頭到腳治裝完全，花錢之前覺得肯定多了，但是花完之後才知道是少了。

面試時給考官的第一印象很重要，開始的印象往往決定了面試結果。對於面試穿著，我也看了一些相關的介紹，大體說來，著裝應與公司性質、文化相吻合，與職位相匹配。不論去什麼公司，服裝要正式大方，首先對別人是一種尊重。對於初次求職者或剛出校門的大學生，服裝就應該以大方簡潔為主。

我家的經濟條件，讓我不容多想，我實在不忍心再加重父母的負擔，可翻翻衣櫥，的確拿不出一件正經的面試裝。我急得睡不著覺。同寢室的女生給我出了個主意，據說不少外貿店都有號稱名牌的A貨，絕對能以假亂真。

我立馬心動了，直奔那家店，從上到下給自己治裝了一身，只花了相當於正品幾分之一的價錢。返回學校，我特意讓一個對品牌頗有研究的同學檢驗了一番，她竟然沒看出來。得到「專家」的肯定後，我澈底放心了。

第二天，就穿著新衣服去參加某知名公司的面試。謝天謝地，看得出幾位考官對我的形象評分不錯，對我的應答也頗為滿意，一切都進行得非常順利。

細節・面試者的自信

最後一個問題了！那位一直沉默的女考官發問：「你的服裝很有品味，不過，你穿的品牌似乎不是你這個年齡學生的經濟能力所能承受的。你不覺得你的追求有些超前了嗎？」

這可怎麼解釋呢？難不成跟考官說這都是假名牌？我的內心慌亂無措，大腦一片空白。支支吾吾半天，越解釋越不明所以。考官終於不耐煩地打斷了我。

事後我想，如果我不是那麼看重那套「偽名牌」的話，其實完全不用慌張，就算以實情相告也比支吾著說不清楚要強，因為，這樣只會讓人對衣服的來歷產生懷疑，從而對你的人品產生懷疑。其實，這個問題如果回答得好，出彩的機會也比較大。

因為我對這身「偽名牌」不自信、不認同，所以它也就由「亮點」變成了「死穴」。

菁英思維　品牌不是重點

由於經濟條件所限，學生很難承受較昂貴的服裝價格，招聘公司完全可以理解，沒有人會計較。如果穿著價格不菲的西裝去參加面試，招聘主管可能會認為你出身富裕，以目前這個職位的微薄工資，根本不足以擔負如此巨額的服裝開銷，猜測你勢必不會安分守己地從最初級的職位做起。

如果應聘外商公司，國內名牌對外商主管來說完全沒有感覺，而外國的中等名牌要幾千元一套，高級名牌要上萬元一套，外商的招聘主管們都極少穿這麼貴的衣服。

面試時的穿著是很重要，但並不用過分關注。在衣服方面給予過分的關注，反而不利於你真實能力的發揮。面試者保持平和自信是特別重要的，因為從身心處散發出來的從容才是最優雅、最吸引人的。

細節15 服裝品味創造美好的第一印象

我們給人的第一印象特別重要。據研究表示，一個人第一次的形象在別人的眼裡往往需要很久才能改變。作為求職者，第一印象更重要。

日本東芝公司的面試

當事人：求職者　李升

三月下旬，我意外接到日本東芝企業的一家分公司HR主管的電話：「我們在某求職網站看到你的資料，希望你能寄一份更詳細的簡歷給我。」我連夜將簡歷用郵箱發了過去。

幾天後HR主管打來電話問：「今天你怎麼沒來參加面試啊？」我莫名其妙地反

問：「沒有收到面試通知啊。」她如夢方醒地說：「可能是助理忘記通知了。那你明天上午十點過來面試。」連應徵什麼職位都沒說就把電話掛了。

等待面試時，發現公司員工都用上海話交談，之前還擔心自己不懂日語該怎麼辦呢！自我介紹完後，她問：「你對資料庫的程式設計熟悉嗎？」我心裡奇怪：「以我的專業經歷，不是做物流就是做倉儲方面的工作，會操作資料庫就可以了。資料庫程式設計是IT部門的事。」於是如實回答：「資料庫程式設計我不行，讀大學時就不太喜歡。」面試中，她問了不少讓我有點難堪的問題：我們要求有上海戶籍，你有嗎？」、「你把自己介紹得非常好，你真有這麼好嗎？」語氣裡流露出明顯的不信任。

真不明白，是他們主動讓我過來面試的，語氣怎麼這樣咄咄逼人？完全沒有大公司的風度。雖然我有些不高興，可仍然很禮貌地一一回答了問話。之後，HR主管讓我回去等消息。

一週後，我收到了婉拒信。

細節・第一印象很重要

事後反思，我想到這樣一個細節：當我踏進小會議室時，從對面HR主管的眼神裡分明捕捉到了一絲失望，就是關於我的形象。

我的穿著打扮一向很隨意，面試時從來不穿西裝，不打領帶。那天天氣比較炎熱，我只穿了一件舊的休閒T恤，頭上的汗還沒有擦乾淨，衣服上也有些汗濕了，所以面試官對我的第一印象肯定不太好。

面試失敗了。雖然責任在自己，但心裡還是有氣：是你們主動找上我的，還這麼不寬容！

菁英思維　正式服裝的選擇

T恤、運動褲、牛仔褲等都不是正式服裝，不適宜在面試的時候穿搭，深色西裝、白襯衫、黑皮帶、黑皮鞋都是商務人士打扮的首選。人家更看重衣服的品味而不是品牌。

此外，有人也會選擇藍色的襯衫，這就需要特別注意與西裝顏色和款式的配合，否則將會很難看。當然，白色的襯衫也有不足之處，白色易髒，難以保持清潔，尤其在天熱或空氣品質較差的時候，剛換的白襯衫往往一天就髒了。因此，白色的襯衫應該多買幾件，經常換洗。

挑選襯衫的時候，應該注意領子不要太大，領口、袖口不要太寬，以剛好可以扣上並略有空隙為宜。完全化學纖維質地的襯衫會顯得過於單薄、透明，不夠莊重，純棉的襯衫如果熨燙不及時又會顯得不夠挺拔，而且每次洗過之後都需要重新熨燙。所有這些細節，我們都需要注意。

細節16 履歷造假是大忌

據說在找工作的履歷上，有些學生會誇大其詞。果真如此嗎？今日大學生們將「誠信」置於何地？

資訊技術人員的職缺

當事人：人事部主任　劉梅

老闆把履歷狠狠地甩到了我面前，我十分尷尬地拿起履歷，看著上面寫著「本人精通電腦，能熟練掌握相關軟體操作……」，不禁連連苦笑。

最近，正是大學生忙著找工作的時候。我們公司正好有幾個資訊技術的職缺，條件是電腦必須要好，還要懂電子通信。我身為人事部主任，擔負著為公司選才的任務，自然不敢懈怠，星期天一大早，就帶著幾個人跑到了人才招募會場。

一個上午忙下來，履歷倒是收了不少，但細細看來，符合我們公司要求的卻沒有幾個，不是這兒差一點，就是那兒短一節。公司要徵八個名額，我準備先選出十二位，再請老闆最後定奪。

履歷基本看得差不多了，才找出十一位。我正為難之際，忽然，有一份履歷吸引了我，只見這份履歷上寫著：本人精通電腦，能熟練掌握相關軟體操作……這不正是我們公司需要的人才嗎？

我馬上抽出這位的履歷，和那十一份一起，送交老闆審閱。老闆看過之後，點點頭表示滿意，並確定最後的面試時間定在週三上午。

細節・不誠實的專長

週三上午，老闆親自主持最後的面試，十二位應聘者依次參加面試。前十一位都順利結束了面試，最後一位正是那位自稱「精通電腦，能熟練掌握相關軟體操作」的大學生。

他竟然一問三不知，什麼電腦技術，什麼Java，這個學生根本就不懂，甚至還鬧出了一些笑話。老闆這氣大了，衝著我喊道：「瞧瞧你挑的這都是什麼人！你這人事部主任太不稱職了！」說完向我摔下履歷，扭頭就走了。

沒想到，我這個人事部主任也會栽在虛假履歷上。可是，這樣的履歷又讓人如何去防呢？

菁英思維

誠信是最基本求職條件

當履歷作假成為一種時尚、一種風氣，公司還有誰敢信履歷？在畢業生們十幾年的受教育過程中，誠信教育一直是貫徹始終的。可為什麼一遇到具體問題，費盡心力構築的誠信防線就變得不堪一擊？

很多人把履歷作假問題歸咎於應徵條件過高的要求，使得求職者不得不作假。但是如果一個人能有這樣的認識：在人生的天平上，誠信這個砝碼要比一個可能的好工作重得多，那他就一定不會去為履歷造假了。履歷是否真實，反映著一個人的品質。

英特爾公司明確地把「造假」履歷看成求職中的大忌。「第一是誠信，第二是個性與能力，第三才是教育背景」，萬科的總經理這樣給自己最看重的人才特質排序。虛假履歷不僅會給徵才單位帶來諸多不便，也會給做假履歷者本人帶來不好的後果。誠信缺失，在就業市場中受傷害的是雙方。

細節17 工作資歷要累積出專業

「術業有專攻」，所以「專業化」在很早就受到人們重視了。當你申明自己什麼都會的時候，其實也就等於告訴別人你什麼都不精通。

運輸與倉儲主管的應徵

當事人：求職者　劉明

世界500強荷蘭TNT公司在上海的子公司給了我面試通知，這是一家專做汽車配件的物流公司。誰知，由於我一時的小聰明竟毀了這次面試。

到了約定的時間，我來到曹楊路輕軌站附近的一幢大樓參加面試。先填寫了中文報名表，在填報具體職位時我有點猶豫，因為我在大學學的是交通運輸，而在東北又做過運輸管理工作，運輸主管和倉儲管理我都比較有興趣，但如果填兩個職位擔心他們認為我的專業性不強，可是如果只填一個又覺得保險係數似乎不夠。斟酌之後，就在空格中寫了兩個職位：運輸主管和倉儲主管。

面試官是兩位中國人：人事主管和物流主管。自我介紹結束後，人事主管指著報名表發問：「你在三年裡做了三家公司，穩定性好像差一點。」我忙解釋：「我在東北做了兩家公司，一家是集團總公司，一家是分公司，其實是同一家公司。」這時，一切都還正常地進行著。

細節・工作專業性的要求

物流主管問：「為什麼填兩個職位，到底應聘哪個職位？」我說：「我學的是交通運輸，在東北做過運輸管理工作；來上海後又做了一年倉儲管理工作，兩個職位都可以做。」他們沒有過多地在這個問題上糾纏，但我看得出，他們不太滿意我的回答。

物流主管看著簡歷，用不太信任的口氣說：「我們要求有五年相關工作經驗，你只工作了三年，經驗不足！你以前做的是快速消費品，我們做的是汽車配件，你的專業經歷不行。」儘管我竭力辯解，兩位面試官還是不為所動。

一週後，我收到英文郵件，通知我面試未通過。

應徵條件中要求有工作經驗，說明他們對工作專業性的要求一定很高。他們雖然沒有過多地糾纏於我填寫的兩個職位，但是對工作經驗的苛求，可以看作對前面這一細節的延續。

當然，對於剛畢業的大學生，很多公司也許在這一點上要求不是那麼嚴格。

菁英思維

工作資歷必須累積出專業

文明社會的標誌之一就是有了社會分工，隨著社會文明程度的提高，社會分工也越來越細，相應地，要求個人掌握的技能越專業越好。所以，在填寫應徵職位時最好保持專一性，這一點，對於有工作經驗的人尤為重要。

細節 18 公司不是便利商店，慎用公司資源

當你的跳槽計畫洩露時，老闆肯定就要考慮是否留你了。讓一個不忠誠的員工留在身邊，無疑給自己放了一顆定時炸彈。

跳槽的準備

當事人：公司職員　張微

兩個月前我被迫向老闆交上了辭呈，離開了那份「雞肋」般的工作。現在工作真是難找，直到現在，我仍然沒找到工作。

其實半年前，我就準備跳槽。在公司待了這麼久，既不見升也不見降，那點薪水餓不著也撐不死，整個工作就成了一個雞肋，食之無味，棄之可惜。

工作難找，我知道；滿意的工作更難找，我也知道。所以，雖然想跳槽，但一直也沒有進行，偶爾的一些動作，也都是在「地下」偷偷進行的。為了不影響我當前的這份「雞肋」工作，我做得很乾淨。

為了避免「洩密」，在家裡上網找工作，不在公司裡列印任何資料；不用公司的電子郵件傳送我的簡歷；也沒有從公司裡傳真任何資料；甚至上班時間接到一家公司的電話，也從容不迫，不露痕跡地說：「對不起，我現在有些緊急工作要處理，一會兒打給您好嗎？」然後，撤退到「安全地帶」去！但是，到底還是馬失前蹄。

我準備跳槽的舉動還是被老闆發現了，接下來上演的就是奪職、削權、減薪，直至逼著我自動辭職。想想，真是太倒楣了，如今我的悲慘命運其實僅僅是因為卡在印表機裡的一張紙。

細節・慎用公司的印表機

晚上，因為第二天要溜出去面試，就想利用晚上的時間把第二天的工作做完。到晚上十點多的時候，突然想起第二天上午的面試資料裡有個錯誤。看看四下無人，我決定鋌而走險，修改完畢後，用公司的印表機重新列印。

可是那台破印表機偏偏出了故障，一頁資料卡在裡頭，任我怎麼處理都弄不出來。我本來就是個十足的「機械白癡」，加上此事不宜張揚，更是急得滿頭大汗，狼狽萬分。正忙亂間，身後忽然響起老闆磁性十足的嗓音：「怎麼啦？我幫你？」我的頭立刻「嗡」的一聲……。

也真是我運氣太差，那天老闆在外面吃完晚飯，想起有份文件放在公裡……。

菁英思維　隱蔽跳槽規劃

站在員工的立場來看，尋找好的發展空間，使自己的價值得到最大限度的實現是最重要的。當一個公司不能提供給你這些時，跳槽也就成了必然的選擇。

切記，做這些事情一定要隱蔽。現在人才很多，對公司忠誠的員工卻非常有限。所以，在忠誠與能力面前，大部分老闆會選擇忠誠。所以，想跳槽一定慎用公司資源。試問，有哪個老闆會放心讓懷有二心的員工留在自己身邊呢？

細節19 犯錯要敢於承擔責任

「不是我的錯」其實就是在推卸責任。一個不敢承擔責任的人是一個不可信任的人，這是所有老闆的共識。

跟客戶簽協議書之前

當事人：試用期新人　何偉

從老闆的辦公室裡出來後，我不禁想起從前看到的一個笑話：晚飯後，母親和女兒一塊在廚房洗碗。突然，廚房裡傳來瓷盤落地的破碎聲，然後一片寂靜。兒子望著父親，說道：「一定是媽媽打破的。」「你怎麼知道？」「這回她沒有罵人。」

重溫這個小故事，我感覺一絲苦澀：「難道這就是人類的劣根性嗎？」我到這家中法合資公司上了半個月的班後，老闆讓我參加與一個大客戶的會談。我明白老闆的意圖，就是想給我歷練的機會。

這半個月，我的表現是眾所周知的，幹練果斷、衝勁十足，老闆怎麼會不知道呢？「投桃報李」，老闆對我非常信任，我也一定要用實際行動證明老闆確實是「慧眼識英才」。

簽約前，對方徵詢我們對專案還有什麼建議。大家都靜坐搖頭，示意協議書已經是完美無缺了。事情哪有完美的呢？我站了起來，先講了一句客套話「也許我的意見不太成熟，僅做參考」後就直奔主題，指出對方在協議書上存在的多處紕漏。

「噢，這個好像對我們的整個專案影響也不是很大」「這個問題還真是我們疏忽了」「這個我們可以再商量。」我的發言使對方代表只有招架之功而毫無還手之力，他們坐不住了，提出要休息。

老闆的臉色陰沉起來。

細節・逃避失去客戶的責任

老闆把我喊到辦公室：「何偉，你今天似乎太過了，其實，你提的那些都是小紕漏，我也看出來了，既然對我們公司影響也不是很大，我們其實沒必要這樣追根究柢。」

「老闆，我並不是吹毛求疵，指出他們協議書上的紕漏是為公司著想。他們那樣做其實是故意的，就是想欺騙我們公司，我對他們的這種行為非常氣憤，所以語氣也許有些激烈。」我辯解道。

「好，過去的就不說了，你就明確地告訴我吧，他們那邊已經很生氣了，你打算怎麼辦？」「是他們的責任，他們生氣也不能怪我呀。」

十分鐘後，對方代表提出先完善協議書裡的紕漏後再簽約。他們走後，老闆又把我叫到辦公室，告訴我試用期結束了，我不適合在這裡工作。

菁英思維　承認錯誤勇於負責

人們總是習慣於用不同的標準來對人對己，往往是責人以嚴、待己以寬。因此，人們總是原諒自己的過錯，為自己的愚蠢找藉口。如果一個人在生活和工作中老是說「這不是我的錯」、「那不是我的錯」，他就沒有能力面對失敗和挫折。

初入職場的新人，犯錯不可怕，可怕的是對錯誤不能正確認識。如果你是因為業務不熟悉而犯錯，除了承認之外，向部門主管和老員工多多請教才是可行的辦法。

如果因你而失去了客戶，你更要誠懇地檢討自己的言行，承認自己的錯誤。千萬不要犯了錯誤還拼命找藉口，那樣人家就該懷疑你的原則了，而且粉飾自己的過錯就不能正確地認識自己，不能有效地規避過失。

細節20 處理跳槽事宜要謹慎

如果還想在原公司裡待著，跳槽計畫一定要慎之又慎，找獵人頭公司也一定要慎之又慎。保不准就會碰到一位不嚴謹的獵頭呢！

跳槽走漏風聲

當事人：市場部　張力

我們公司的用人政策是「要麼升職，要麼離職」。你升不上去，公司也開明，給你兩個月時間，讓你重新找工作。到時還不離職，公司也會要求你離開！

可惜，並非每個老闆都肯和你好聚好散。現實狀況中，多數人跳槽，免不了先鬼鬼祟祟一番，直到塵埃落定，才敢小心翼翼地向老闆揭開謎底。也有一些人，槽還沒跳，風聲已經走漏。

就像我這樣，走路低頭看腳，聞見人聲就躲。因為現在同事們見到我的第一句話，不是「吃了嗎」，而是「跳了嗎」。還有的人更可惡，見面就笑眯眯地打招呼：「跳了嗎？聽說你要去當總監了？」

真弄不明白，我這跳槽八字還沒一撇，消息怎麼就會傳得這麼快？而且還是「總監」，這到底是誰給杜撰的？

昨天老闆也找我進行了談話，「你有事業追求，不錯，但是想做總監還是有一點點距離……！」我連忙苦著臉說沒敢跳槽。

細節・慎選獵人頭公司

經過長時間的偵察，我終於明白了，這「禍」出在那位獵頭身上。說起來要怪只能怪我自己，想跳槽，卻託來託去，託了個獵頭。通過獵頭介紹，也接觸了一兩家公司，不過雙方都不大滿意。

這邊我的跳槽大計正在緊鑼密鼓地進行，那邊另一個同事也通過朋友認識了同一位獵頭。談了幾分鐘，獵頭嗅出他有點猶豫，於是口不擇言開始胡吹：「我的實力，你放心好了！你們公司也有個人把資料放在我這裡。他一個外地人，工作兩三年，本來就不出眾，我硬是幫他搞定了兩個大公司！不過這個人自我感覺太好，所以嘛……」同事不動聲色，再盤問了幾句，迅速「對號入座」對象。

一來二去，辦公室裡開始流言滿天飛。

菁英思維　防君子也要防小人

和獵頭見面，他在評估你，你也該評估他。開始千萬別露口風，多「掂」幾次，再慢慢把自己託付出去。最怕你著急換工作，他則著急出賣你，稍不留神，倒楣的肯定是你！

有些時候，你不用給獵頭透露很多細節，尤其是初次見面，你還不夠瞭解對方。在職場上，我們的行為和心思都要更成熟謹慎。

細節21 履歷是第一印象

履歷就是求職者給人的第一印象，一個連履歷都管理不好的人，怎麼讓人放心他的工作呢？

房地產公司的面試

當事人：求職者　李亮

「展示完美的自己很難，它需要每一個細節都完善；但毀壞自己很容易，只要一個細節沒注意到，就會給你帶來難以挽回的影響。」在多次的面試經歷中，我是深深體會到這句話的涵義了。

應徵深圳一家房地產公司的廣告策劃主管職位時，我的面試表現非常出色，無論是現場操作Photoshop，還是為虛擬的產品做口頭介紹，都完成得不錯。

在校讀書時曾身為學校戲劇社重要幹部的我，還即興表演了一段小品，贏得面試負責人的嘖嘖稱讚。當面試結束走出辦公室時，一位負責招募人才的助理對我說：「你是今天面試者中最出色的一個。」

走出他們公司時，我在餐廳裡喝了一瓶啤酒，心裡暗爽：「終於搞定了，看來我終於可以脫離終日奔波的「苦海」了。

日子一天天過去了，可我一直沒有收到那家公司的錄用通知。一週後，我依然沒有得到回覆。我忍不住打電話向那家公司詢問具體情況。

一位員工用那種永遠甜美的聲音告訴我：「對不起，我們錄用的人兩天前已經都通知了。如果下次我們需要招新員工，一定會首先考慮您。」

怎麼會這樣？我的心一下子從赤道回到了北極，我想像不出面試表現得這麼優秀為什麼還會落選。下午接到的一個電話才使我如夢初醒。

細節・一份折皺的履歷

電話是負責招募的助理打給我的，「我認為有些事必須告訴你，這樣對你也許會有些裨益。」沉默了一會兒，她接著說，「其實面試負責人對你是很滿意的，但你敗在了履歷上。總經理說，一個連履歷都保管不好的人，是管理不好一個部門的。你應該知道，履歷實際上代表的是你的個人形象。將一份折皺的履歷投出去，有失嚴謹。」

真是一語驚醒夢中人，老天，我怎麼沒想到呢？那天本來要參加面試，結果卻睡過了頭。「忙中易出錯」，這話果然不假，一不小心我碰翻了水杯，將放在桌上的履歷浸濕了。為儘快趕到現場，我只好把履歷簡單地晾了一下，就把它和其他東西一起，匆匆塞進背包。

輪到我時，面試官問我三個問題後，便向我要履歷。當我掏出履歷時，這才發現，履歷上不光有一大片水漬，而且放在包裡一揉，再加上鑰匙等東西的劃痕，已經不成樣子了。

我只好努力將它弄平整，遞了過去。看著這份傷痕累累的履歷，面試人員的眉頭皺了皺，還是收下了。那份折皺的履歷夾在一堆整潔的履歷裡，顯得十分刺眼。

這件事給了我深刻的教訓，決定事情成敗的，有時往往只是一個小小的細節。

菁英思維　好好保管履歷

一位管理學大師說過，現在的競爭，就是細節的競爭。細節影響品質，細節體現品味，細節顯示差異，細節決定成敗。在這個講求精細化的時代，細節往往能反映你的專業水準，突出你的內在素質。

生活充滿了細節，有些看來非常偶然的細節會對我們的人生有幫助，可哪些細節會對你有幫助，這是沒法預測的。對於求職者來說，履歷既是進行自我行銷的工具，也代表著個人的形象，所以，在應徵時一定要寫好履歷，更要保存好履歷，履歷是決定成敗的細節之一。

細節22 不是論文發表，簡潔明瞭的履歷最加分

有人總以為履歷越厚越詳細越好，因為履歷越詳細就顯示了你的分量越重，這其實是一種誤解。人力資源專員並沒有那麼多時間看你的履歷，所以還是簡潔為宜。

製作精美的求職履歷

當事人：應屆畢業生　小傑

學校規定的離校日子日漸逼近，可是我的工作還沒有著落。雖然每個人才招募會都照趕，每家網路申請都會參加，可是這些履歷竟都如泥沉大海，沒了影蹤。難道是我的履歷做得不夠好？我覺得不大可能，要知道這份履歷花費了我多少心血啊。

履歷是求職者給招聘者的第一印象，所以，求職者總是希望在自己的履歷裡羅列所

有的優點，給招聘者一個好印象，然後得到一個面試通知。作為應屆畢業生的我也如此，論文一忙完就開始準備履歷了。

現在等著找工作的畢業生太多了，要想讓自己有更多的面試機會，就必須依靠履歷來吸引人的眼球。所以，我不僅做了傳統的履歷，還動用了**PPT**來美化我的電子版履歷。做完之後，給室友們一看，就一個字「好」。

看著同學們一個個談著面試得失，而我連一個面試通知都沒有，心理的落差真是挺大的。於是我投履歷的頻率更勤了，然而結果還是一樣。雖然撒出了無數精美履歷，可還是收不到一個面試通知。眼看著身邊的同學一個個都找到了好工作，而我還是無人問津，心裡的愁、心裡的苦又豈止是「鬱悶」一詞能形容的？

細節・一分零四秒的閱讀時間

直到有一天，一位人事主管到我們學校辦講座，我才明白自己的病症所在。他以自己為例說：「我平均在每份履歷上花費一分零四秒。一般會閱讀一頁半資料。所以履歷最好不要超過兩頁紙，一頁中文、一頁英文就可以了，把你最適合我們這份工作的地方點明，過長的履歷毫無作用，而且不容易突出重點。冗長花哨的履歷不僅讓看的人心煩，而且會使招聘者對求職者的個性留下不好的印象。

語言儘量嚴謹、平實、簡潔，讓閱讀者能夠充分感覺到你對這份工作的誠懇態度，不必太講求文采。有一次接到一份同學的個人材料，竟然五十多頁，想找英語水準這項居然找了兩分鐘的時間。像這樣的履歷，我一般會馬上放下。」

到底是專業人士，一語中的。這時我才明白我的履歷就是敗在太過詳細、太過花哨了。做履歷時，為了搶人眼目，我對履歷的包裝真是費盡心思；對語言更是斟酌再三；還有那精心製作的排版，看來更是無作用了。

菁英思維

履歷的撰寫技巧

履歷的長度和厚度：據一項調查顯示，招聘者進行初審時，平均在每份履歷上花費的時間不到兩分鐘，一般會仔細閱讀的內容不超過兩頁。在履歷後附上一大堆證明文件的做法，並不會增加錄用機會。

語言需要簡練。自我描述的語言風格也是一個值得求職者考慮的問題。有些人喜歡用極感性的話來吸引人事主管的注意，這種做法很可能出奇制勝，但多數情況下是一種冒險。語言儘量不要過於口語化，在描述自己的學習能力、團隊合作精神等方面時用語應嚴謹、平實，讓招聘者在閱讀時能充分感覺到你對這份工作的誠懇態度。

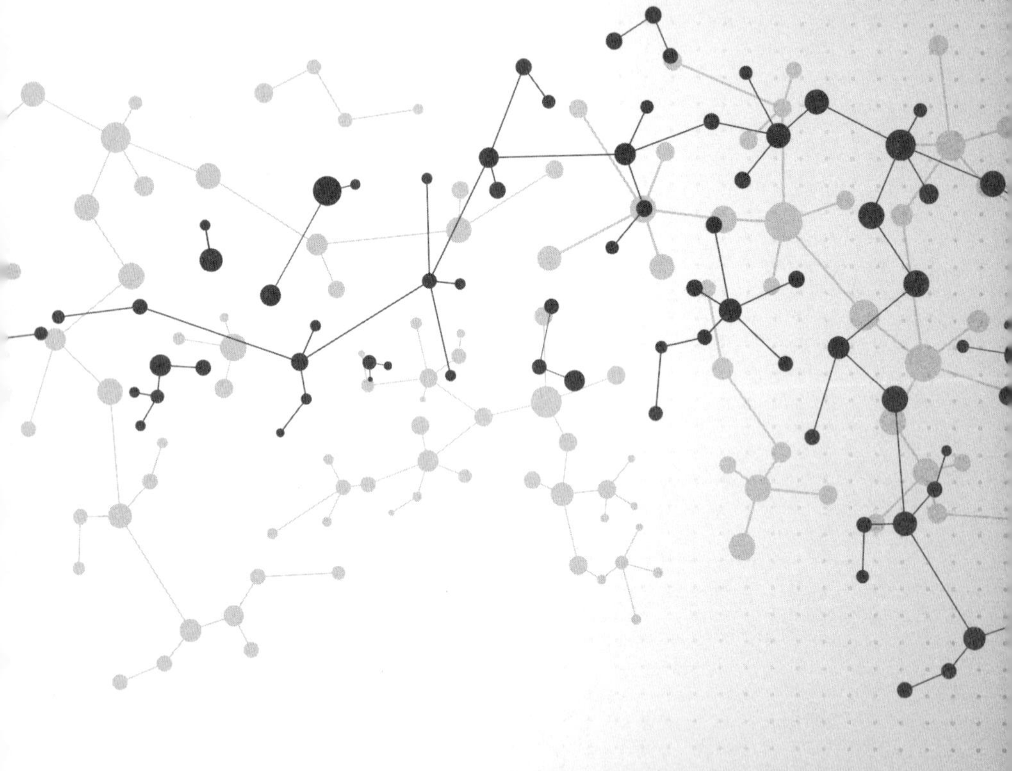

PART 2 社會技能

專業技能外，社會技能是踏入職場前就要具備的能力

細節 23 時差問題最容易被忽略

「在什麼時候？十三日還是十四日？」這個問題其實真的很簡單，而且人人都知道，可是如果你一馬虎，那麼後果就很嚴重了。

魚與熊掌不可兼得

當事人：總經理秘書 Wendy

這些日子，我們中國區的員工都惶惶不安，特別是中高層的管理人員，因為美國大老闆想派「空降部隊」來接替在中國土生土長的總經理。都說「一朝天子一朝臣」，如果總經理一動，下面跟著要調動的人肯定少不了。作為這件事的主角，總經理心情的糟糕程度可想而知。而我，身為總經理秘書，則直接成了他的心情調節器，更何況，「弄到今日的這種局面，全是秘書的責任」總經理說道。

要認真追究起來，這事也不是什麼大事，只是由於時間計算不同，事情就變得出乎意料地嚴重了。

事情源自於總裁格林先生的中國行。前幾天，公司收到華盛頓總部的消息，總裁格林先生原定秋天的中國之行提前了，將於十三日早晨從華盛頓出發，乘坐中國航空CA8851次航班，預定下午四點到達北京的首都國際機場。

按計劃，十三日下午四點，我們總經理正在廣州談一個重要專案。既想在接待上讓美國大老闆高興，又想做一個漂亮的策劃案來證明自己的能力，總經理只怨自己分身乏術。權衡之下，他決定儘快把廣州的事情處理完，再趕過來接機。

所謂「欲速則不達」，因為一開始就有速戰速決的想法，廣州那邊的事情反而變得更為複雜了。結果，原計劃一天弄完的事情，總經理不但耗在廣州一整天，還外加兩個晚上。

總經理不但沒有做好接待，而且竟然在一個比較簡單的專案上耗了這麼長的時間，這讓大老闆很生氣。美國人講究的是速度，中國區管理階層如此沒效率，格林先生不由得想從總部「空降」大將來管理大中國區。如此，「魚與熊掌」總經理一樣也沒得到，辦公室方圓五百公尺都能感受到他的怒氣。

細節・國際換日線的時差

看起來這件事好像與我無關，可我自己知道，我應該為這事負很大責任。

作為秘書，我犯了一個不可饒恕的錯誤——沒有想到國際換日線！如果計算了北京和華盛頓的時間差，那麼華盛頓時間的十三日下午應該是北京時間的十四日早上。也就是說，總經理完全可以在廣州從容地處理完事情，再回來向大老闆彙報，而不必在廣州弄得焦頭爛額、疲於奔命。

現在，公司裡我和總經理成了最鬱悶的人，而且都是因為這國際換日時差。總經理因為它，前途變得有些不太明朗；我因為它，不但要每天提防總經理的無名火，還損失了半年的獎金

國際換日線，好像人人都知道，但是又有誰能保證就一定會在最關鍵的時候想起它來呢？我沒有想起來，隨之而來的絕不僅僅是獎金的丟失，更賠上了CEO的前程。一旦公司上層發生變動，公司的很多方針也會隨之而變，從而又會進一步牽涉到一大批人

員的去留。

當然，這次事件會讓我成長，但我有些不能承受這教訓之重。

菁英思維　工作無小事

認真和細心是對每一位職場員工的基本要求。作為一個秘書，處理的很多是瑣碎的事情。但是，這些瑣事又是如此必要，往往牽一髮而動全身。「工作無小事」，當你踏入職場的一刻，就沒有大事、小事之分了。

所謂「細節決定成敗」，一個人，只有時時保持嚴謹的態度才能注意到身邊的細節，時時保持專注才能想到工作中的細處。

細節 24 國外出差電壓使用要先弄清楚

在中國，我們平常用電都是電壓220V。在國外，他們的電源卻並不都是220V的。這個細節如果事前不知道，也會帶來不少麻煩！

義大利的公務旅行

當事人：公司職員　安然

義大利是很多人心目中的紅玫瑰，嚷著「我要去義大利」的人與年俱增。從某種意義上說，否認義大利就是否認整個歐洲文明——義大利有迷人的地中海風光，文化歷史名城羅馬、水都威尼斯、時裝之都米蘭等是世界上旅遊資源最豐富的國家之一。

得知公司要派我去義大利出差，參加一個相關展會，心裡都快樂瘋了，想著一定要去佛羅倫斯欣賞古羅馬的建築群，而且還要在海神噴泉旁拋下三枚硬幣，沒准我還會與一個羅馬帥哥來一段豔遇呢！

當飛機降落在義大利的土地上時，心裡的那個激動勁就別提了。雖然一路上我都在籌畫著義大利的旅遊線路，但畢竟是身負重任而來，工作當然一點也不能大意了。所以，下了飛機還是按捺住興奮，直奔公司給預訂的酒店辦理入住手續，以便養精蓄銳獨戰「義大利」。

一路風塵僕僕，到了酒店最想做的莫過於舒舒服服地洗個熱水澡，再好好地睡一覺。在服務生的帶領下進了預訂的房間後，我換上衣服，插好吹風機，把手機充電器從包裡掏出來也插上電源，然後就進了浴室洗澡。

洗完澡後，拿起吹風機，推上開關：「咦，怎麼沒動靜呢？」

細節・電壓使用的國際規範

怎麼會這樣呢？難道是電源接觸不良？我把吹風機插到另外的一個插座孔上，結果還是一樣。算了，就不用了吧。我躺在床上翻著報紙，等著頭髮自然乾。一覺醒來，神清氣爽，看著時間也該去參加展會了，馬上拔下手機充電器。

怎麼回事？！怎麼沒有充上電？這會兒，我可再也不能從從容容了，沒有手機，在展會上怎麼跟公司聯繫啊。馬上打電話找來服務人員：「我的吹風機插上電沒法用，手機也沒有充上電，是不是你們的插座有問題？」

不一會，服務生就來了，他先試了試插座，有電，接著拿起了我的充電器：「小姐，您的充電器用的是220V的電壓。」又看了看我的吹風機：「吹風機用的也是220V的電壓。我們這兒的電壓是110V的。」

原來是這樣，我怎麼沒想到呢？現在我都要出門了，可手機沒電，這可怎麼辦呀？明白了事情的起因，我的焦急不減分毫。怎麼電壓還不一樣呢？看來有些事情就是讓人防不勝防啊。

最後，與酒店方面協商，從他們那借了一支手機，這才得以在展會中與公司順利溝通。要不然，後果真是不敢想像啊！

菁英思維

具備國際化的視野

在網路時代，出國變得越來越頻繁。這時，如果我們還只是把眼光局限於國內，就很有可能出現令人意想不到的小麻煩。所謂「資訊不靈，寸步難行」，我們平時就應該多用國際化的眼光看問題。

現代公司中，國際化更是無處不在。資本要求國際化，產品或者服務要求國際化，市場也要求國際化。不但要求管理者有國際化的眼光，甚至對員工也有這樣的要求。

公司和國際接軌，遵守和運用國際化的標準和規則去運作公司，這就需要有跨國文化背景或跨國工作履歷和工作經驗的跨國人才的加盟，以盡快提升公司的管理水準，進入國際化市場。

即使現在公司的產品市場還在國內，如果產品市場的競爭氛圍是國際的，也要引進國際人才，以國際化的眼光和戰略去思考、部署、運作公司的未來。可見，這裡的關鍵點即「國際化」，與公司的規模大小沒有關係。所以，為了適應公司的這種需要，要求員工也必須具有國際化的眼光。

細節 25 和錢打交道要謹慎

謹小慎微，對於從事創意工作的人來講也許是缺點，但作為財務人員，這個詞絕對是一個褒義詞。

收關同事操守的傳真

當事人：財務部　黃靜

昨晚，我一夜都沒睡。就憑我對好朋友劉麗的瞭解，她不可能貪污公司的錢，可是為什麼她負責的客戶要求開票，而我們賬上卻沒有收到錢呢？我拿不準要不要把這件事跟老闆報告。如果劉麗沒有貪污，那我們之間的友誼肯定是完了；如果她貪污了公司的錢，那我們的友誼更是完了。

我的煩惱源自於昨天客戶的一份傳真。

昨天，劉麗負責的一位客戶向我傳真了一份資料，要求給開增值稅發票。按程序，我得先核對資料和錢款數額。然而，帳目表明公司並沒有收到這筆款項。沒有收到錢卻要求開增值稅發票，憑著財務人員的敏感，我覺得這裡面可能有問題。按慣例推理，出現這種情況極有可能是業務員結完款後沒有上交，自己貪污了。如果事實是這樣，那就應該立刻報告主管。

業務員們常說我們財務部的人，是「勢利小人」，其實只不過是做做財務報表、開開單據而已，何必把自己裝成「偽老闆」。但是，如果我們不對金錢斤斤計較，公司的財務豈不亂成一團？小我服從大我，我必須馬上把這件事情告訴老闆。

打定主意，一到公司我就抱著帳目資料找了老闆。老闆聽我說完情況，馬上叫來劉麗。劉麗弄明白事情的原委後大呼委屈：「我沒有啊，怎麼可能呢？你再查查！」「可是我對了好幾遍帳目呢！你去查查，是不是太忙，收了錢忘了交給財務啦？」我邊翻帳本邊對劉麗說。劉麗一聽就急了：「你以為你是財務部的就可以血口噴人了！」老闆見狀只得讓我們先出去。

細節・查核工作的重要性

回到座位冷靜下來之後，我想：「不管劉麗有沒有貪污，我一定要找到證據。」假設劉麗沒有收那筆賬款，那麼就是客戶有問題。對，先打電話向客戶核實。

我撥了對方號碼：「你好，我是A公司財務部的黃靜，昨天你們給我發了一份傳真，要求開增值稅發票。我想問一下賬款是什麼時候結的？」「具體的我不太清楚，不過我可以幫您查一查，五分鐘後給您回電話好嗎？」給對方留下電話號碼後，我就一直在電話旁邊守著。

一會兒，對方果然回了電話：「太對不起了，我們把文件傳錯了。我們那份傳真本來是發給另一家公司的。都是我們的疏忽，給你們添麻煩了。」原來如此。看來我得趕緊找劉麗負荊請罪了。是我考慮問題太不周全了，害得劉麗差點蒙冤，以後再有類似問題可真得警醒了。

菁英思維　把事做細做小

出現這個小插曲的本因是由於客戶財務人員的疏忽寄錯了開票資料，對於非本人原因造成的失誤，這沒法求全，對於任何一位財務人員，這類事情都有可能碰到。怎麼處理這種情況？如果先打電話問問客戶的財務人員，又怎麼會出現這麼一場風波呢？從中得到的教訓是考慮問題不但要細心，更要周全。

謹小慎微，對於從事創意工作的人來講也許是缺點，但作為財務人員，絕對是必要的。作為一個財務人員不僅要謹小慎微，還要有責任感，更要有周全的思考能力。

至於如何鍛煉這種能力，我的意見是把事做細做小。正像一條線是由無數個點組成的那樣，周全的思維方式也必須由無數的細節組成。

細節26 凡事按照規定走

想占一時的便宜、一時的方便，往往會適得其反，讓你有苦不能言。所以，有時必須守的規矩還是得守，必須辦的手續還是得辦。

被寄放行李耽誤的行程

當事人：公司職員　王雷

都說「熟人辦熟事」，在很多時候，有了熟人確實可以省掉很多不必要的麻煩，帶來很多方便。但這也不是必然的，就比如我上個月去上海出差時遇到的事，就是因為相信「熟人辦熟事」，結果誤了飛機，沒能及時趕到北京參加一個重要會議，被老闆狠狠地訓了一頓。

那天，我辦完公事後，想著反正是六點的飛機，還有時間，剛好可以去逛逛街給太太帶些禮物回去，省得她又埋怨我只記得工作不關心她。

辦好退房手續後，我打算把行李寄存在行李房，然後再去逛商場。行李房的甯小姐跟我很熟，估計我逛商場不會太久，就說：「您放心把行李放這兒吧，我會幫您保管好的。」我問：「要不要辦個手續？」「不用了，反正您很快就回來了，不用麻煩。我跟您這麼熟了，還怕弄錯嗎？」

聽甯小姐說得那麼肯定，我也就沒有再堅持，放心地走了。不料，等我逛完商場，打車趕回來時，偏偏遇上嚴重塞車，這樣就耽誤了很長時間。再次回到旅館已經是下午四點了。而這時一切都不同了。

細節・按照規定行事

等我到了行李房，甯小姐已經下班了，在值班的是胡小姐。我讓胡小姐把行李給拎出來，胡小姐說：「好的，請給我行李牌。」「因為和甯小姐是熟人，所以當時存放的時候我沒有辦手續。」我意識到可能有些麻煩。

胡小姐為難地看著我：「那就不好辦了，甯小姐下班時並沒有交代這件事。」我一聽立刻就急了：「我還要趕六點的飛機呢。您一定要幫我想想辦法。」

「王先生，您先別急，我打電話跟她聯繫一下吧。」胡小姐開始打甯小姐的手機，誰知「不在訊號範圍」；打她家裡的電話，告知還沒有回家：「王先生，您等等吧，我不能違反規定給您拿行李。不然，我得受處罰了。」盯著手錶，我急得直跳腳，可又能怎麼樣，只能乾著急。快六點時，終於打通電話了，可是，我的飛機肯定是趕不上了。

菁英思維 **凡事不能心存僥倖**

俗話說「人熟理不熟」，不能因為人熟就不按規定辦事了。如果貪圖一時的方便，遲早要惹麻煩。不按工作規定辦，沒出問題是僥倖，出了問題是必然。違反工作規定，是工作中的大忌。

細節 27 不要因為鈕扣丟了工作

優秀是一種習慣，不是一時的行為，它時時體現在行動的細節中。所以，一顆鈕扣也能體現一個人的性情素養。

外商公司的面試

當事人：行政主管　林梅

下班的路上，在一家外商人力資源部工作的好友Amny說，他們公司要招聘一名行政秘書，讓我把履歷寄過去看看。大學畢業我就想去外商公司，陰差陽錯沒能如願，心裡卻一直放不下，所以Amny也到處幫我留意著。因為有Amny，我很快就接到了面試通知。

面試時，我選擇了白色襯衫，條紋式的外套，幹練而知性。對於面試衣著我是有些研究的，白色襯衫是永遠的選擇，再搭配條紋式的外套會顯得善於思考。

面試進行得很順利。在用英語做自我介紹時，我一口流利的美式英語在考生們面前盡展優勢，也引得考官們不斷微微頷首。由於一開始就進入了狀態，後來的題目我都發揮得很好。

面試下來，Amny告訴我，考官們認為我不僅人漂亮、氣質好、英語棒，而且其他基本技能也不錯，已經被內定為第一人選了。我好像看到了拋向我的橄欖枝。

果然，兩天後我就接到了第二次面試通知。面試中，我仍然穿了上次面試時的那件外套，我想穿同一件衣服可以讓考官對我印象更深刻，而且也顯得我比較沉穩，不浮躁。

可是我怎麼也沒想到的是，這次面試卻只持續了幾分鐘，然後他們的人力資源總監，也就是上次的主考官就讓我回去等通知了。

細節．一顆快掉線的鈕扣

閉門思過兩天後，我還是沒有弄明白原因。後來，Anny告訴我，失敗的罪魁禍首就是那件外套。「那位小姐兩次來穿的是同一件衣服，上次我就發現她左袖上的一顆鈕扣快掉線了，可這次來她還是老樣子，鈕扣還吊在那裡。兩天過去了，她沒有把鈕扣縫好，說明她不夠細心，這樣的人不適合做秘書。」Anny引用了他們人力資源總監的話。

好友Anny說考官有些苛刻，但我知道就如考官所言，一顆快掉線的鈕扣說明的是一個人的細心和認真，對於秘書而言，細心和認真正是這個職位所必備的品質。對於考官，我沒有什麼好抱怨的。

一顆鈕扣的教訓令我痛徹心扉。經歷這次教訓後，我也是有收穫的。從此以後，在工作和生活中，我都會提醒自己不要忽略小處、細處，養成了時時注重細節的好習慣。你付出了，就會有回報。如今，我已經如願以償地進了一家德國公司，前不久剛升任行政主管。

菁英思維 優秀是一種習慣

面試中，面試官往往更關注細節，他們總能於一滴水中看到整個世界。由於自己的疏忽，本來是一次極為成功的面試，因為一顆鈕扣，在中途卻形勢急轉，由勝而敗。林梅只能扼腕長歎是「魔鬼細節」。

從林梅的經歷中，我們可以領悟到更重要的東西，那就是優秀不是一時的行為，而是一種習慣。

細節28 花粉也會成為離職的導火線

花粉怎麼會成為離職的導火線呢？看完了故事，心頭浮現的是這樣一句話：「細節的準確、生動可以成就一件偉大的作品，細節的疏忽會毀壞一個宏偉的規劃。」

日本客戶新婚伉儷到訪

當事人：公司職員　李玉

現在我一看到花，心裡就隱隱作痛，也許你會猜測是不是為情所傷？不是，你們絕對猜不出來，我現在之所以討厭鮮花，只是因為我被老闆開除了，不，更確切地說，應該是被鮮花給開除了。

那是春天，日本一家公司老闆帶著他的新婚妻子來中國度蜜月，順便商談與我們公司的合作事宜。為了讓日本老闆好好工作，對他新婚妻子的活動安排自然是我們少不了要提前做準備的必要活動。

由於我擁有一口流利的日文，所以，我就成了日本老闆新婚妻子的最佳地陪，因為這樣既不會讓她有交流上的障礙，又可起到綠葉配紅花的特殊功效，真是不得不佩服我們老闆縝密的思維。

為了配合公司的整體行動，我為日本妻子安排了三天的行程：第一天遊故宮，第二天爬長城，第三天就去知名風景區踏青賞花。請示了總經理，總經理對我的安排相當滿意，並且重申了一遍這次的活動目標：一定要讓她高興，讓她覺得不枉此行。

得到老闆首肯，我就按計劃進行。陪著日本妻子遊覽了故宮和長城。因為早就準備了很多相關的歷史典故，所以這一路行來也算得上是興味盎然。另一方，老闆和日本方面的商談也在如火如荼地進行著。

人說「行百里者半九十」，現在我才明白，這裡說的不僅是一個堅持的問題，還說明把一件事情做好的艱難性。

第三天，商談進行到了最關鍵的階段，我和日本妻子的中國旅行也進行到了最後一天。可是……。

細節・花粉症惹出禍端

如事前所安排，第三天，我們去知名風景區賞花踏青。一大早，我們驅車來到了知名風景區。山桃花、杏花、各種野花都開得燦爛無比，盡情釋放著所有生命的張力。

日本妻子很高興，她告訴我好久都沒有親近大自然了，春天是生命的季節，她似乎都能聽到生命在躍動著。看來這個日本妻子還是個很易感的人，她高興，我也特別高興。我們一直玩到下午才回去。

然而，我怎麼也沒想到，日本妻子不僅內心易感，皮膚也敏感。回來的路上，她的手上竟然起了很多紅點，很快，臉上也有了很多紅點。雖然我不是醫生，可基本的常識還是有的，我明白，她是花粉過敏。

我真是太疏忽了，怎麼就沒有想到這一點呢？沒有送日本新娘回旅館，我直接把她送到了醫院。醫生告訴我得打點滴。

日本老闆得知他心愛的妻子竟然到了醫院，馬上就憤怒起來，立即退出談判會場，直奔醫院。到了醫院，看到她竟是全身紅點，他心疼得無以復加，當下就表示不談工作了。

後來，日本老闆回國了，我們的合作最終不了了之。這個專案的失敗一定要找原因，我就成了「罪魁禍首」，只能引咎辭職。

菁英思維　藏在生活中的魔鬼細節

細節是什麼？這個世界上，細節無處不在，它微小而細緻，存在於每天的生活中，存在於每個人的身上。相對於主幹來講，細節常常被人們忽視，因為它的力量一般不強大，但有些細節的力量並不小，我們不能忽視它。

細節的準確、生動可以成就一件偉大的作品，細節的疏忽會毀壞一個宏偉的規劃。

細節29 沒有理所當然的事

一挨著二，三〇五後面是三〇六，這是常識，但是常識並不代表就是事實。有時「三〇五」就是不挨著「三〇六」。

跟老闆出差的準備

當事人：公司職員　安輝

去年夏天，我陪同我們老闆到杭州參加一個產業洽談會。這可是一次表現自己的絕好機會，所以，出發的前幾天，我就忙著安排我們的行程了。

先上網預訂了飛機票，接著查看了一下洽談會附近的旅館，預訂了一家看起來還不錯的旅館。終於要出發了，老闆又確定了一下：「小安，都安排好了吧？」「當然，現在網路可方便了。放心好啦！」我滿懷信心地回答。

機票很順利地送來了，我們一路無事到了杭州。因為第二天就是洽談會了，所以下了飛機我們就直奔旅館，準備好好休息，養精蓄銳，迎接明天的「戰鬥」。旅館也很好找，老闆直誇「你辦事還真是很可靠」。

都說「好的開始是成功的一半」，可是有時候恰恰相反。這家看起來還不錯的旅館卻使得老闆對我的辦事能力大為懷疑起來。

細節・三〇五房間的位置

數數的時候，十二後面是十三，三〇五緊接著三〇六，這都是理所當然無需懷疑的事情。可事實真的是這樣嗎？我的答案是否定的。很多時候，我們做事情還是必須求證一下，不然一定會招來一些麻煩。

為了相互之間有個照應，出發前，我在網上特意訂了房號臨近的兩個房間，房號三〇五和房號三〇六，可是有誰會想到三〇五竟不挨著三〇六呢？

在旅館前臺取了鑰匙，我們就直奔三樓。很快地，我們就找到了三〇六房間，可是為什麼左右、對面都沒有三〇五呢？走了兩圈，老闆的胖臉開始冒汗了，臉色也難看起來。我有些惶恐地說：「老闆，您先休息，我去找旅館人員確認。」

叫來了服務人員，她領著我們轉了個彎，又走了大約二十分鐘，在一扇門前停了下來，抬頭，只見門上赫然標記著「三〇五」，果然是三〇五房間。

「三〇五怎麼離三〇六那麼遠，三〇五不是在三〇六旁邊嗎？」我心裡按捺不住怒火，忍不住埋怨道。「先生，沒有人說三〇五房間一定在三〇六房間旁邊！」服務人員輕揚眉梢不屑說道。

我怎麼沒想到？從這件事中，老闆認為我辦事不夠細心，不夠周全。

菁英思維　跳脫制式思維

什麼東西越明顯、越突出、越容易搜尋、越容易想像，在你頭腦中占的比例就越大。

其實每個人並沒有自己想像的那麼理智，而是容易先入為主，常常被無數不完整的資訊禁錮了思維。同時人們還容易被「代表性」所迷惑，僅僅是因為某種事物更具有代表性，就誤認為它們發生的概率更大一些。

所以，在實際行動中，我們一定要做更多的工作，以擺脫制式思維的陷阱。比如安輝，如果他能在入住之前先打個電話向旅館確定一下房間房號以及房間的一些基本情況，那麼事情也許就完全改變了。

制式思維的困擾每個人都會遇到，重要的是你能不能跳出制式思維，用另一種眼光、另一種思維方式來對待問題。

細節30 是「合計」還是「分計」

時時保持高度的警惕性，不能因為事情看似簡單就掉以輕心，否則你會後悔莫及。

客戶的合約

當事人：公司職員　李麗

剛工作不久，由於對很多事情理解不夠，認識過於簡單，結果弄出了很多不必要的麻煩事。有一次，主管讓我去客戶簽一份合約。因為前期工作主管都做好了，所以我只需要拿著合約文本過去，然後簽個字就行了。還有比這更簡單的事嗎？帶好合約我就準備出門。

「記著要按我寫的數字開支票！」看到我風風火火的，主管又不放心地叮囑著。「人到中年就是太瑣碎，太囉嗦，這麼簡單的事也犯得著這麼說了又說？」我心裡忍不住直嘀咕。

事情辦得就像事先想的那樣順利，很快我就回來了。回了公司第一件事就是把簽過的合約和支票送給主管，然後揚著臉得意地等著主管的贊許。

細節・「合計」的數字內容

可是不對，主管的臉色突然變了，然後把合約推到我面前，嚴厲地說：「好好看看！不是叫你小心嗎？」這麼簡單的事還能辦錯？我趕緊拿起合約仔細地研究起來。天哪！竟然多讓客戶開了五千元！原來合約中有兩個數目，前一個數目中含有後一個數目，而我看都不看合約，就理所當然地想成是「合計」，把兩個數目相加……。我真是太馬虎了。

雖然錢不多，但是，如果讓客戶發現了影響多不好啊！而且這個客戶是我們的新客戶，如果人家以為我們是故意欺騙，以後肯定就不會再與我們合作了，也許還會在同業裡產生不好的聲譽，這樣一來損失就大了。

後來，主管專程帶著我去客戶那裡做解釋，並退了錢。對方主管很寬容，沒有過份地責怪我，對這件事也沒有再追究。

事情雖然過去很久了，給我的印象卻日漸深刻。細心認真的工作精神在任何時候都是必要的，特別是那些看起來很簡單的事。

菁英思維　不要輕忽簡單的工作

走在坎坷不平的小路上，因為保持警惕，雖然走得艱苦卻往往不會發生危險；一旦走上平坦大道反而會摔得膝蓋青紫，相信這是很多人都有過的經驗。

在複雜的事情面前，不用任何人提醒，我們也會自覺地把神經繃緊，一步一步聚精會神，不敢絲毫怠慢。而做簡單的事總是因為這樣那樣的疏忽，使事情變得不能盡如人意。

其實，簡單的事更需要你的用心。因為，外表的簡單總是讓我們更容易被迷惑，更容易掉進不可預知的工作「陷阱」。

細節31 一塊薯片帶來的後果

當有人滿嘴食物地對我們講話，並且把食物的渣子噴在我們面前時，我們的心裡一定會湧起十二分的不滿：我不是你重視的人，所以你才這樣對我沒禮貌。

沒吃早餐就上班的上午

當事人：公司職員　吉敏

昨晚和朋友們玩得實在是太瘋了，早上三次鬧鐘才把我叫醒。沒辦法，趕緊洗把臉往公司趕，早飯都沒來得及吃。還好，終於在最後時限的十秒鐘之前打卡。

悠然地走到座位上坐定，為自己的幸運和高效率欣喜不已。

真弄不明白，一大早的，怎麼事情就這麼多。電話一個接著一個，剛放下話筒，就得再拿起來，我的手都酸了。本來想偷空找東西填肚子也不能實現。好容易逮著一個空隙，立刻抓緊時間從抽屜裡摸出一包薯片大嚼起來。

「嘀——」該死的電話又響了。為了不讓電話再響第四聲，我們公司的規定電話響到第四聲扣考核分一分。我也顧不得滿嘴的薯片，趕緊拎起話筒：「您好，我是C公司的吉敏，請問有什麼可以為您效勞的？」

「你好，我是N公司的楊亞，我想確定一下公司展會的事情。」「有些事情現在電話裡不好說，要不這樣吧，一會兒我把詳細的企劃書用電子郵件給您發過去行嗎？」我都快被滿嘴的薯片給噎著了。行，那麻煩您了，再見。」

掛了電話，我猛喝了兩大口水，才緩過勁來，難怪孔夫子說「食不言，寢不語」，看來這裡不光關係修養，還關係生命安全呢！

除了被薯片噎著，我對這個電話沒有絲毫印象，直至它帶來意想不到的後果。

細節・講電話露餡

三天後，我突然被叫到了主管的辦公室。

「吉敏，你吃零食我不管你，可你不該在辦公室裡吃零食。」主管一見我就很嚴肅地說。「沒有啊，我沒有吃零食。」這是真話，我一般很少在辦公室裡吃零食的，除非偶然沒有吃早餐，但那也是在主管未知的狀態中發生的。

「還說沒有，客戶都向我反映了，弄得我當時特別沒面子。」主管好像都不喜歡下屬的辯解，主管好像有些惱怒了。「我能知道是誰嗎？」「你在接N公司楊亞的電話時是不是在吃東西，人家跟我說，當時聽著你含糊的聲音覺得自己特別不受重視。」主管的臉色更陰沉了。

原來就是那天的薯片，我無言。

「明天，你最好約楊亞談談那個企劃書，順便解釋一下你那天到底是怎麼回事。你跟我解釋一點用都沒有，明白嗎？」我除了沉默還是沉默，因為對主管來講，我說什麼都沒用，如果不能取得楊亞的諒解的話。

真沒想到，連一塊薯片也會帶來這樣料想不到的後果。沒辦法，趕緊想好檢討的話，明天好好地做自我檢討吧！

菁英思維

食不言，寢不語

孔夫子都說了：「食不言，寢不語。」滿嘴食物地與人交談是很不禮貌的行為。當然，在吃西餐時，忌諱各吃各的，不與鄰座交談，可這種交談的前提是嘴巴內沒有食物，絕不是說可以滿嘴食物，然後口齒不清地去與人交談。

嘴裡有食物時，切勿說話。

細節32 辦活動備用物品寧願多也不要剛剛好

剪刀與外商主管，看似風馬牛不相及，但一次剪綵儀式把二者聯繫在一起。最後因為剪刀讓外商主管失去了工作。

風光的剪綵儀式

當事人：外商公司主管　劉朋

我雖然畢業只有兩年，可已經是一家外商公司的辦公室主管了，而且月薪好幾千美金。朋友們都眼紅的不得了，認為我前途無量。然而，當CEO怒吼著「你真是個笨蛋」的時候，這一切都終結了。

事情源自於一次剪綵儀式。不久前，上司讓我負責我們公司一個專案的剪綵儀式。

佈置會場，邀請官員，找媒體……忙了好幾天，終於萬事俱備了。

剪綵的日子到了，八方賓客雲集，各路媒體報導，一看那場面，上司就衝我點頭微笑。可是，「天有不測風雲，人有旦夕禍福」，這麼熱鬧非凡的場面就隱含了我的致命傷。

那天來的人特別多，很多沒有邀請的人也來了，比如那位資深的長官，就是我沒有邀請的。我們請了五位官員剪綵。當五位官員被請上臺後，總經理突然發現還有一位相當級別的資深長官也來了，就是那位不請自來的老長官。於是，總經理親自把這位長官也請上了臺，讓他一道剪綵。

細節・失算的剪刀

以前，我們一直用「朝秦暮楚」來形容變化無常的人或事物，在大家的觀念中這個詞是帶有貶義的。可是，現代社會的發展用「瞬息萬變」來形容絕不為過。就因為這位長官同志，我的厄運也隨即降臨。

臺下的我看在眼裡，急在心裡，額頭虛汗直冒：「怎麼辦，只備了六把剪刀，現在必須找到第七把剪刀！」按計劃好的人數預備剪綵用的剪刀，這是很自然的事情，誰想到「計劃趕不上變化」。如果事前多一些必要的準備，就不會被變化牽著鼻子走了。

現代社會，細緻的工作不但需要你完美地執行上司的命令，還需要你有防範突變的能力。「百分之一的錯誤會帶來百分百的失敗」，可能只是一點點沒想到，突變的形勢就能成為你職業生涯中的「滑鐵盧」。看來，以後一些必備的辦公文具最好多備一份。往往越小的東西在急著用時越找不著。

我穩了穩神，拋開飄飛的思緒，立刻吩咐手下趕快去找剪刀。事情偏就那麼湊巧，平時多了去的剪刀這會兒都沒了蹤影。好不容易有人跑過幾條街買回了一把，我趕緊把剪刀送給在主席臺上已經面露慍色的總經理。

事情還沒完，等到開剪時，使著新買的剪刀的總經理卻怎麼也剪不斷那紅綢。總經理的胖臉開始泛光、流汗了。「該死的假冒偽劣產品！」剪子折磨著臺上的總經理，臺下的我已眼光死……。

事後的結果不說大家也猜到了，我被狂怒的總經理勒令主動辭職，終結了我的幸福外商工作時光。

在我們工作中，防範突變的措施很簡單，也許只是一把剪刀或者一盒訂書釘之類的東西。對付突變的真正障礙，很可能只是一點點疏忽大意……。

菁英思維　做萬分之一的準備

以防萬一，做萬分之一的準備工作並不是浪費。而如果以三分的精力和態度面對十分的工作，將帶來難以預料的惡果。螞蟻也能夠打敗獅子。

剪刀與外商主管，看似風馬牛不相及，事實上一把剪刀卻使一個外商主管丟了工作！

細節33 瞭解飯店入住規定的生活常識

當方芳拖著疲憊的身體回到旅館時，卻怎麼也開不了房門。這是為什麼？因為截止時間到了。

打不開的房門

當事人：媒體工作者　方芳

因為不知道一些常識，曾吃過很多虧，事後想起來，自己也會忍不住悄悄地笑自己傻。其中讓我覺得最難堪的就是這件事了。

那時，我才畢業不久，在一家媒體工作。媒體工作節奏快，而且總要加班、出差。工作不到一個月，我就被派到外地出差了。

平常在家裡「衣來伸手，飯來張口」，可一到外地，這些事都必須自己張羅了。當晚，我找了一家酒店住下。

第二天一早，我就去採訪了。恰巧我要採訪的人去了郊區，我立刻找車尾隨去追。好不容易找到了我的目標，並順利地完成了採訪任務，趕回市區的時候已經是下午一點多。忙了一上午，我唯一希望的就是躺在床上好好休息一下，然後再趕車回公司。我一刻沒停地就往酒店趕。

拖著疲倦的身體回到了酒店，我掏出房卡準備開門。然而，任憑我怎麼擺弄那卡，房門就是開不了。這是怎麼回事？

細節・住宿時間的計算

我實在沒辦法了，只好去找樓層服務生：「請問，我這房門怎麼開不了啦？」服務生打開電腦看了一眼：「你的房間過了中午十二點，已經取消了住房資格，要進去必須到接待櫃檯重新辦住房手續才能打開房門。」

「啊，怎麼能這樣呢？我昨天下午五點才開房的，不是講好住一天，一天不是二十四小時嗎？現在離一天還有好幾個小時呢！」我不由得辯解道。「這是規定，不信你可以諮詢總檯。」服務生客氣地解釋說。

沒辦法，我只好下樓到櫃檯詢問。櫃檯接待小姐態度還不錯，微笑著說：「您入住的房間已經Check Out，所以要重新辦理入住，必須再另外計費！」雖然態度不同，可結果還是要再算住宿費。

我有些不服：「我昨天下午五點才住進來的，現在不是還沒到一天嗎？」櫃檯接待小姐有些不耐煩：「對不起，這是我們酒店的規定。」「什麼規定，這分明就是坑人！」我非常生氣。「抱歉，所有的飯店旅館都是這樣規定的。有意見你可以去我們客服部投訴，沒意見的話，要麼重新登記，要麼退房。」

雖然憋了一肚子的火，可也沒辦法，我只好拖著沉重的步伐，拎著沉重的行李提前到了車站。

菁英思維　生活常識的學習

相信現在大部分人都知道，國際慣例就是住房「一天」的計算方式就是到次日中午十二點。

但是，我相信還有很多相關的常識是我們不知道的，或者我們以為自己知道，實際上並不是那麼回事。如何避免由於對這些生活常識的不瞭解而出現的麻煩呢？這需要我們事前多問多做準備。

如果方芳在訂房的時候就詢問酒店確定退房時間的話，後來的閒氣就不用生了。就是因為方芳按照自己的常識，以為住一天就是從入住時間開始算起的二十四小時才產生的誤解。

細節 34 認真做好每一件小事

辦公室裡很多事本來就是很瑣碎的，比如裝訂，比如裝信封套等，只有把這些小事都做好了，公司才能正常運作。所以說「把所有的小事都做好了，就不簡單」。

大材小用的小事

當事人：公司職員　譚洋

畢業時，為了能進這家德國公司，我不知做了多少準備，耗費了多少心血，也寄託了我的許多夢想。可上班後我才發現，每日無非是做些瑣碎的工作，既不需要多少專業知識，也看不出它們有多大意義。

沒有幾天，我當初的滿腔熱情，在不知不覺中冷卻下來了，在工作上開始得過且過。可是，如果突然要我離開，要我另謀高就，這又是我萬萬不願意的。工作內容雖然沒意思，但是不菲的薪水、金字的招牌，這是多少人夢寐以求的啊。

再說了，現在就業形勢這麼嚴峻，上哪再去找一份這麼好的工作啊？所以，當我們的主管，一個快六十歲的德國人，向我怒吼著「不想幹，你就走」時，我的眼淚都快流下來了，當然，我把它咽了回去。真希望他只是一時生氣才那麼說的。

可是，這位主管是認真的。第二天我一到公司，人力資源部總監**Hanna**就給我送來了辭退通知書。又是一個措手不及。難道真的為了那麼點小事，就非得讓我離開公司嗎？

我再次找到總經理，那個德國人依然那麼倔，儘管我說了好多保證也沒能打動他。最後，我只能拿了自己的東西，一步三回頭地離開了工作半年的公司。

細節・裝信封套學問大

說起我之所以惹怒他的原因其實很簡單，就是因為我沒有裝信封套，於是他就向我吼著：「不肯裝信封套，你就走。」

那是在準備一次公司的新產品推廣會，我們部門所有的人都連夜準備文件。部門經理分配給我的工作是裝信封套。我們的主管，也就是那個德國老頭，他一再叮囑：一定要做好準備，別到時措手不及。

我聽了心裡很不受用，心想：「這種高中生也會做的事，還用得我這個高材生來幹，太大材小用了。」我就不套，看你怎麼辦？同事們忙忙碌碌，我也沒幫忙，只在座位上裝模作樣做自己的工作，實際上是在看一本時裝雜誌。文件交到我手裡，也就是說，我裝封套的時間到了。可我依然我行我素。主管突然發現了我的秘密行動，這時已是深夜了，而所有文件必須在明早九點大會召開前發到代表手中，主管像個惡魔似的對我大喊。

我一看，主管氣得夠嗆，也不敢多說，只得馬上放下手上的雜誌，趕緊裝封套。本來以為裝封套很簡單，會很容易弄完的，沒想到到處充滿玄機，半小時過去了，才弄了很少的一部分。主管看著我，氣得鬍子直翹，可又沒辦法，只能喊來同事們幫忙。

人多力量大，終於趕在開會之前，將裝訂得整齊漂亮的文件發到代表手中。會後，主管衝著我說：「你不適合在這個公司工作。」

菁英思維 **細節的魅力**

有很多「細節決定成敗」的例子讓人深有感觸，相信大多數人都會有這樣的經歷。正所謂成也細節、敗也細節。一心渴望偉大、追求偉大，偉大卻了無蹤影；甘於平淡，認真做好每個細節，偉大就不期而至。這就是細節的魅力！對大多數人來說，在細節上的表現更多的是一種習慣，全賴於我們的性格和平時的行為。

細節35

一頓奢侈的晚餐嚇走了外商

太豐盛的晚餐顯示的不僅是你對客人的尊敬，還有你的奢侈。這樣浪費的公司，客戶怎麼敢放心把錢投資進來？

美方客戶的考察團

當事人：總監　崔林

自從去年下半年，我們公司就開始準備與美國一家大公司的合作事宜。一切準備就緒之後，公司邀請美國公司派代表來我們公司考察。可是我們怎麼也沒想到的是，美國公司回國之後就翻臉了，發來一份傳真，表明說不與我們合作了。這真是讓人匪夷所思。

作為辦公室總監，我也參加了接待工作，好像美國公司的代表對我們的技術和設備並沒有什麼不滿意的地方啊，而且，我們的招待也很熱情周到。

那天，前來考察的美國公司代表在我們董事長的陪同下，參觀了公司的生產廠、技術中心等一些場所，對我們的設備、技術水準以及工人操作水準等，都表示了相當程度的認可，不停地直嚷「good」、「good」，當時我們聽著也都特別高興。

這怎麼就毫無徵兆地說不合作了呢？美國人怎麼能這樣出爾反爾呢？別說董事長挺鬱悶，就連我們這些普通員工也覺得一肚子委屈沒處訴。到底是為什麼呢？

董事長讓我發信函詢問。馬上，美國公司就回信說明了。唉，我們怎麼都沒想到他們的拒絕理由是這樣的。

細節・宴客規模的判斷

為了表示我們對這次合作的重視，我們決定一定要設宴好好招待美方代表。宴會選在一家十分豪華的大酒樓，有二十多位公司中階主管及市政府的官員前來坐陪。美方代表在回信中對這頓飯這樣評價：「你們吃一頓飯都如此浪費。要把大筆的資金投入進去，我們如何能放心呢？」

看完信，董事長很懊悔，我們也都很懊悔。我們中國很多事情都是在飯桌上完成的，所以，我們準備豐盛的晚宴招待貴客是理所當然的事情。錯就錯在我們沒有考慮到雙方的文化差異，理所當然地用我們的思維來辦事，不知對方的感受。

可是，現在已經沒法補救了，我們幾個月費時費力費錢的準備都白忙了。

菁英思維

文化差異的問題

對文化差異一詞，人們並不陌生。為什麼西方的笑話，在中國笑不起來？為什麼在中國廣為傳頌的傳統美德「謙虛」，在西方卻不是這樣？包括崔林他們公司之所以與美國公司合作失敗的事情，都可以歸結為文化差異問題。

如何解決文化差異帶來的誤會呢？首先要求自己把對方的文化做比較全面的瞭解，不然就會出現溝通不暢。比如，美方代表認為崔林他們準備那樣一頓晚餐太浪費，如果他是中國人就不會有這樣的想法了。

應該常用換位思考的方法行事。古往今來，從孔子的「己所不欲，勿施於人」；到《馬太福音》的「你們願意別人怎樣待你，你們也要怎樣待人」，不同地域、不同種族、不同宗教、不同文化的人，都說著相同的哲理。

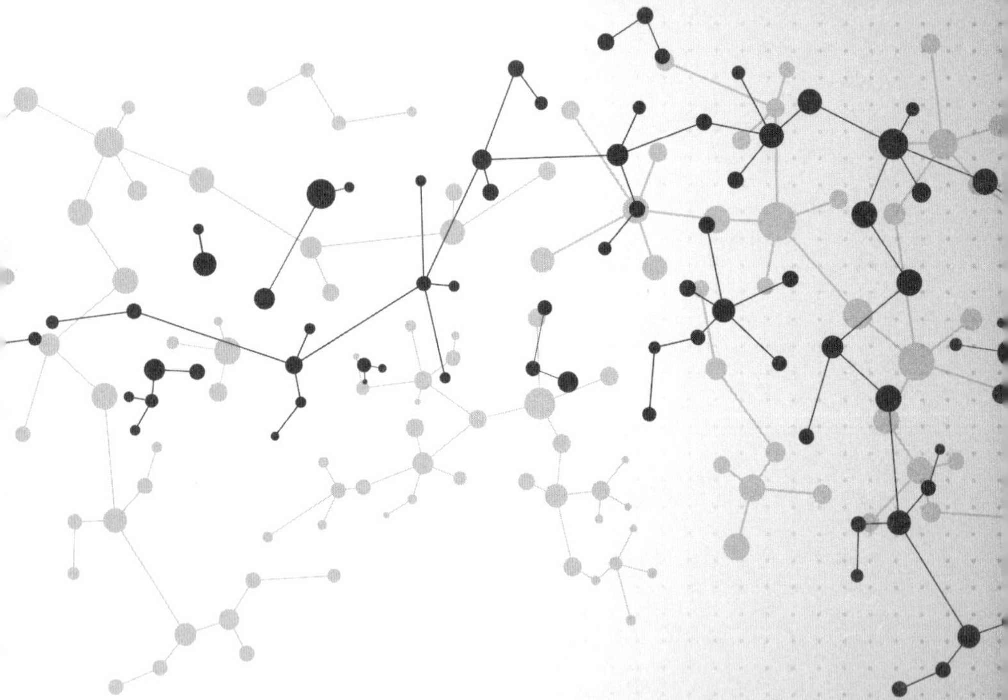

PART 3 做事態度

做事態度決定高度以及高效能與效益的專業能力

細節36 站在消費者的角度思考

一家公司失去的顧客中，只有三分之一是由於產品品質或價格原因，百分之六十的顧客轉向其他產品是由於服務或售後服務不好。

廣告零效益

當事人：企劃部部長 Bill

兩個月過去了，我們公司花了巨額廣告費做的廣告竟然完全沒有效果，市場部反映銷售額幾乎與去年同期持平。為什麼會這樣？問題出在哪裡呢？

廣告企畫本身很好，這是公司上下一致認同的。當初在公司例會上一拿出這個方案，大家都交口稱讚：廣告詞朗朗上口，絕對抓人耳朵；整個的創意很有想像力，我個人認為幾乎可以入選廣告學經典案例了；為了增加產品的影響力，我們還請了當紅明星來做模特兒，憑她當前的人氣，這產品也該火紅啊。可是為什麼效果不盡如人意呢？

雖然當初我們把方案給總經理看的時候，總經理也覺得很有潛力，可市場才是最終的檢驗標準啊。這大筆的廣告費投出去了，卻沒有回報，總經理急了，每次公司例會都要點名我們企劃部。作為企劃部部長的我，日子的艱難程度可想而知。

細節・方便好記的電話號碼

下午坐地鐵回家，抬眼突然發現地鐵車門上的客服電話號碼。上面有四個客服電話號碼，一線和環線是不同的電話號碼，白天和夜間是不同的客服電話號碼，其中兩個號碼還是帶分機號的。

公佈客服電話號碼的目的是讓坐地鐵的乘客如果有問題能夠迅速記下來，但一下子公佈四個電話號碼，乘客怎麼能記得住呢？這也就是說，你本來就沒有打算讓乘客記住。

客服電話白天和晚上分開，一線和二線還要分開，管理是方便了，但對乘客們來說呢？哦，問題就在這裡，電話號碼！

我們為了便於管理，將購買的電話號碼按產品種類進行了區分，而且電話號碼也不是特選的、便於顧客識記，甚至都帶有分機號碼。

我馬上返回單位，把這個問題提了出來。大家一聽也覺得這就是癥結所在。第二天，我們就重新申請了一個很好記的電話號碼。當新的購物專線出現在廣告中後，市場迴響強烈，銷售量猛增。直至此時，我這企劃部部長終於摘掉了「罵名」。

菁英思維

客戶滿意才能為公司創造利潤

電話號碼雖是小事，但體現的是一種服務意識。徐平華說過：「一家公司失去的顧客中，只有三分之一是由於產品品質或價格原因，百分之六十的顧客轉向其他產品是由於服務或售後服務不好，使他們沒有受到禮貌的接待。可見，服務意識對公司來說多麼重要。

企劃部不是市場部，不用直接面對顧客，但如果缺乏一種服務意識，也會造成失誤。這需要員工能夠學會時時進行換位思考，以我之心，度人之意。只有讓顧客滿意，才能為公司創造利潤。

細節37 工作狂有時是一種負擔

不是所有的老闆都喜歡「工作狂」，而且這樣對自己的身體也沒有好處。

成為工作狂

當事人：公司職員　Mark

很多的職場勵志書都教大家，一定要努力工作，最好能不顧自己，玩命地為公司奉獻掙利潤，這樣的人才會贏得老闆的歡心。老闆個個都喜歡「工作狂」，就算不是「工作狂」，裝也要裝成「工作狂」。於是，我一進公司馬上就變成了「工作狂」。

自從開始上班，我都要犧牲二十分鐘的睡眠時間，提前二十分鐘來公司。

第一件事，先把飲水機和各暖壺的水灌滿，然後給同事們把桌子擦乾淨。完事後，上班時間也就到了。

下班後，別的同事都收拾東西回家，而我又是得犧牲時間做留守人員。

其實說忙嗎，也不見得就那麼忙了。這份工作對於我這個名校畢業的高材生來說應付得還是很輕鬆的，我這麼做也不過是想給老闆留下對工作「勤勤懇懇、廢寢忘食」的好印象罷了。只是這麼一來，我就得跟我那豐富多彩的休閒生活說再見了。

真不明白，難道人生就得充滿工作丟掉生活嗎？每天耗在公司裡不回家吃晚飯，老爸老媽雖然不說什麼，可我知道他們是想讓我注意勞逸平衡。我又何嘗不是這麼想的啊……。

細節・工作狂的悲歌

本以為老闆不說加薪至少會表揚兩句，豈料得到的竟是一頓教訓。我真的沒想到犧牲這麼多，得到的卻是一頓教訓。不過這下也解脫了，我的下班時間終於任我做主了。

其實也是的，作一個「工作狂」多不值啊。付出的是智慧和生命，如果他忙來忙去，給公司帶來利潤，卻以一場大病告終的話，公司還得負擔醫療費用。另外，真正的工作狂熱愛榮譽或金錢。

如果他有足夠的能量為公司帶來良好的業績，老闆可以給他榮譽或金錢。但能給到什麼地步呢？他會讓現在的老闆作為他晉身的跳板。

菁英思維　用最經濟的時間創造最大的產值

「工作狂」只會給老闆這樣的印象：你這麼耗在這兒，不是說明你笨，無法用正常的時間完成既定的任務，就是說明你在用公司的資源搞副業，更說明你沒有私生活是個沒有情趣的人。

沒有效率的工作還不如不工作。浪費半天時間，沒幹出多少活，還要讓老闆莫名其妙地支出額外的加班費，老闆會高興嗎？用最經濟的時間做出相當不錯的業績，這才符合高效的規則。

細節38 做事情要有始有終

很多事情十步有九步都做好了，問題往往就出在最後一步。中國有句話「做事做到底，送佛送到西」，說的就是凡事要堅持「始終」的道理。

出貨有問題

當事人：公司職員　顧宇

有些事真的一點都不能偷懶，如果你想省一步，結果往往要多走四步或五步，最近的一件事讓我對此感觸特深。

那天早上一到公司，我就接到山西W公司的電話，說我們送達的貨與他們要求的數量不符。我趕緊找來數目核對。「是三百五十八件嗎？」我問。「我們要的是三百五十八件，可你們發的是二百五十六件。這貨很急，你們一定要趕緊補過來。」W公司的人說得非常著急。

掛上電話我挺納悶的，怎麼會呢，我的本子上明明記著給山西W公司三百五十八件貨嘛。先把貨發過去再查吧，於是馬上給倉庫打電話：「小劉，山西W公司需要補發一百零二件貨，你趕快給發過去。」

中午，手頭的事鬆了一些後，我馬上跑到倉庫查對山西W公司那批貨的情況。「小劉，你們給W公司發的是多少件貨啊？」「二十五日發的是二百五十六件，今天你不是又讓追發了一百零二件嗎？」小劉回答。

「二十五日那天讓你發的是三百五十八件吧？」我的本子上記的是這個數目。小劉拿來了帳本，邊翻邊說：「你看，你看。」我湊近一看，果真是二百五十六件。這是怎麼回事呢？我的數目和W公司要求的數目相符，我記的數目肯定是沒錯的。可小劉發貨必須我開單據才能發貨的呀？

細節・規格不同出錯貨

經過和倉庫的多方核對，我終於發現了問題的關鍵所在：二十五日上午，我曾讓倉庫發過二百五十六件另外一種規格的貨到W公司。我趕緊打電話給W公司，讓他們查看貨物規格。果然不出我所料，那二百五十六件件貨規格不對。我又一次跑到倉庫：「小劉，你們給人家發錯貨了。」「哪能呢，我們是按你寫的單子發貨的呀。」

「你看，二十五日發給W公司的應該有兩批貨，一個二百五十六件，一個三百五十八件，兩批貨規格不同。」我翻出單子指給小劉看。小劉埋頭看了好久，才應著：「好，我把數量改過來吧。」「不光改過來，還得給人家補貨。」我補充說。看來以後通知倉庫發貨一定要確認清楚，如果延誤商機，給客戶造成損失，那麼我們的責任就大了。

菁英思維　細節的魅力

「細節決定成敗」的例子讓人深有感觸，相信大多數人都會有這樣的經歷。正所謂成也細節、敗也細節。一心渴望偉大、追求偉大，偉大卻了無蹤影；甘於平淡，認真做好每個細節，偉大就不期而至。這就是細節的魅力！對大多數人來說，在細節上的表現更多的是一種習慣，全賴於我們的性格和平時的行為。

細節39 瞭解客戶習慣

用中國傳統的食物招待合作方是很合適的，不合適的是用海鮮餡的餃子。因為這一失誤，導致公司與投資方的關係全面告急。

接待遠道而來的大客戶

當事人：市場部　劉超

說起來特別讓人不可思議，「海鮮餃子吃掉公司大訂單」，聽著好像天方夜譚，或者有人認為這是故意誇大事實，危言聳聽。然而，事實在很多時候就是出人意料，讓人措手不及。

這事發生在一週前。廣州一家公司準備從我們公司購買相當大數量的產品。由於數額龐大，廣州客戶公司的主管就帶著她的隊伍來對我們進行實地考察。

那麼大的客戶要來，我們這邊也不敢怠慢啊。總經理欽點由我們市場部籌劃接待事宜。於是我們集思廣益，從接機的車輛、行走的路線，甚至是每天吃飯的功能表都準備得整整齊齊，真是萬事俱備，只欠廣州的東風了。

廣州公司以女老闆為首，一行如約到了北京。一天下來，接機、參觀和吃飯，都進行得有條不紊，我們主管暗暗地鬆了口氣。

「智者千慮必有一失」，雖然我們準備得十分周全，可是意外仍然出在那萬分之一中。

細節・飲食中的禁忌

第二天一早，為了展現北方飲食特色，我們列的功能表單上是吃餃子，又為了照顧廣州人愛吃海鮮的習慣，我們定下的是海鮮餃子。瞧，我們考慮得多麼周到啊。

那頓海鮮餃子大家都吃得很開心，雖然沒有觥籌交錯，但也其樂融融。「福兮禍所伏」，其言果然獨到。快樂的早餐結束後半小時，廣州女老闆就發現身上有些癢。再過一會兒，竟是奇癢難忍，再一照鏡子，天哪，臉上竟然起了成塊的紅疤。所有活動馬上取消，立刻驅車直奔醫院。原來是海鮮過敏所致。

女老闆在醫院打了一天的點滴後，立即帶領隊伍飛回了廣州。至於訂單，當然是沒有下文了。

事後，老闆認為這都是因為市場部辦事不力所致，所以，扣掉市場部員工一年獎金，另加檢討報告一篇。如果我們在吃飯之前問一下是否有人對海鮮過敏就好了。

菁英思維 **講究細節的待客之道**

老子說過「天下難事，必作于易；天下大事，必作於細」，可見很多成功與失敗都可以從一些小事和細節中找到根據。有時因一個細節沒有考慮進去，事情就變得不可挽回了，就像那頓海鮮餃子。

細節40 踏實做好本職工作

「踏踏實實做事，老老實實做人」，這句話永遠都不會過時。雖然有人批評「酒香不怕巷子深」的說法，可是如果酒不好，折騰也白搭。

內部晉升的考試

當事人：公司職員　韋家梁

都說「有心栽花花不開，無心插柳柳成蔭」，我們幾個天天想著被提拔的人沒有被拔擢上去，而小張，沒有一點當「官」的心思，偏偏就給晉升到了「官」位上。每每想起這點，我就忍不住要感歎。

前些日子，聽說老主任要退休，局裡要從辦公室的幾個年輕人中提名一位當

「官」。我們幾個年輕人都坐不住了，先是各方打探消息，緊接著就是疏通關係。局裡又下了公告，說這次提拔採取公開的方式，先要進行相關的業務內容考試，之後是面試，再就是組成專家小組進行主管業務答辯。一時間，辦公室裡沒了人影，大家都心照不宣地忙著自己的事。

當然，也有例外的，那人就是小張。按說小張的資歷夠格，還寫得一手好文章，經常在報刊上發表，是局裡公認的筆桿子。但也正因為他對寫東西太癡迷，反而沒了當官的心思，有時間就往外跑跑搜集素材，或者待在辦公室裡看書。

因為那幾位同事經常外出辦事，辦公室裡總不能沒有人，小張就主動在辦公室裡值班。有了小張，我們也真是省心了。

誰知兩個星期過去了，提拔的事還是沒有大動靜。我們幾個人都看不下書了，嘗試找局長瞭解競試的情況。

細節‧成功屬於踏實的人

幾位局長正在一起商量什麼，看見我們的表情，也就猜到了八分，客客氣氣地把我們讓進了會議室。等我們說明了來意，劉局長笑了笑說：「我們這次考試的目的，是要找出一個勤勤懇懇工作，又有業務能力的幹部。你們幾位可以想一想，這幾天，你們在上班時間都幹什麼去了？」我們相顧張口結舌。

劉局長接著說：「只要這幾天在辦公室裡工作的人，都會接到一份調研報告，那就是試題。遺憾的是，這些報告你們都沒做，只有小張一個人做了，這個考試的辦法對每個人都是公平的。」我們不敢接觸局長的目光，低下頭，悄悄退出了會議室。

我們幾個怎麼也沒想到。想想真是諷刺，想當的用盡了心思當不上，不想當的沒費什麼勁，就輕而易舉地當上了。可是再一想，似乎這事怪也不怪，不該也該。

在我們忙忙碌碌地準備競試的時候，只有小張一個人是在辦公室裡好好幹活的。無論對工作的瞭解程度，還是個人的能力，還有誰比他更能勝任這個職務呢？

菁英思維

踏踏實實做事，老老實實做人

「踏踏實實做事，老老實實做人」，這句話什麼時候都不會過時。踏實是「以不變應萬變」，它能夠把大量稍縱即逝的機會變成實實在在的成果，它能使「水底的魚浮上水面，水面的魚沉到水底」。

其實很多人本身都具有達到成功的才智，可是每次他們都與成功失之交臂，原因就是他們不願意踏踏實實地去做本職的工作，總是期望太多、付出太少。

細節 41 公平是自己爭取來的

別人對自己的態度是由自己決定的，公平也不例外，你要求公平，別人才會給你公平。這種要求體現的是你的責任和勇氣。

知名大企業的面試機會

當事人：求職者　彬彬

當那家中韓合資公司開始在各大報紙上做招聘廣告時，我的心蠢蠢欲動了。朋友說那家公司赫赫有名，要得到他們的青睞不是件容易的事。

出發之前，我仍然沒有足夠的信心，因為，若依據徵人啟事上的條件，我還有諸多不完美的地方。不過，知名企業的魅力和辦公大樓的誘惑，還是讓我毅然來到了這家公司的面試現場。大企業就是大企業，簡直就是「一呼百應」，為數不多的職缺卻迎來了黑壓壓一片求職者。走廊裡有人在議論：「求職成功率只有二百分之一。」我不禁有些咋舌。

面試共四天，我被排在了第三天。不過，在等待的這兩天裡，我仍然和一群等待當天面試的求職者待在一起。我盯著人事部那道暗紅色的大門，盯著每張走出來求職者的臉。一個個看上去都是垂頭喪氣的，大抵就是是求職失敗了。

問了幾個求職者，他們有的告訴我莫名其妙就被拒絕了，有的說自己被「無條件拒絕」了。終於輪到我了，我忐忑不安，輕輕敲開那道藏著玄機的門。我告訴自己豁出去了，說不定幸運女神會眷顧我。

我坐在事先安排好的凳子上，對面是人事部主管和韓籍總經理。年輕的人事部主管熱情而細緻地詢問我的情況，讓我的心底暖暖的。當得知我的興趣是文學，而且有千餘篇作品發表時，他有些驚訝。隨著這個話題深入，人事部主管對我的好感度大增，還鼓勵我說了一些對公司的建議。氣氛非常輕鬆，我以為自己穩操勝券了。

人事部主管扭頭問一邊的韓籍總經理，是否可以當即決定留用我。誰知道，韓籍總經理想都沒想，便一臉嚴肅地說：「不要！」人事部主管禮貌地向我擺擺手，眼裡有一絲遺憾。我找不到被拒絕的原因，也不想莫名其妙地失去機會。

於是，禮貌地詢問總經理我被棄用的原因。韓籍總經理說：「我拒絕別人從來是無條件的！」聽到這樣的回覆，心中怒火中燒卻也沒辦法，只得憤然離座而去。

第二天，我竟意外地得知朋友被錄取了。原來朋友能成功靠的就是骨氣。

細節・無條件拒絕的面試策略

朋友的面試前面跟我的幾乎一樣，與人事部主管愉快地交談後等到的就是總經理的一揮手「無條件拒絕」，而朋友並沒有如我一般被動地絕塵離去，而是怒斥：「我是慕貴公司的名來應聘的，不是來參加無聊遊戲的。您的無條件拒絕對求職者是一種傷害，給出您拒絕的理由很難嗎？」

此刻，總經理不但站起身，臉上還露出了笑容，說：「我們需要的是有骨氣、有恆心的青年，如果被無條件拒絕時仍然不作聲，那就不是我們所需要的青年才俊。我已經對六百一十九名求職者說了No，只有你向我們再三追問理由。這只是我的面試策略，請原諒！你願意加入我們公司嗎？」

越過無條件拒絕，朋友進入了夢寐以求的公司。可是，我怎麼沒想到呢？

菁英思維 骨氣和恆心的法寶

面對強者的不公平待遇，很多人敢怒不敢言，選擇默認。其實公平是自己爭取來的，不是別人施捨的。骨氣和恆心是你面對不公、挫折時的必要法寶。

有時儘管你改變不了不公平的事實，但你可以通過積極參與，努力施加自己的影響力，來獲得自身的位置。

在工作中，面對不公的挺身而出也是一種對公司的責任感。人類追求的公平，都是站在自己的立場上，只有敢於為自己的不平去鬥爭的人，才能敢於為公司承擔責任。唯唯諾諾的人不敢承擔責任，也沒有勇氣面對挫折。

細節 42 切忌丟三落四

丟一只手套，這是很平常的事情，可是一只手套竟會影響一個人的職業生涯，這是不平常的。可見在職場上，事事皆玄機啊。

適用期的評估

當事人：公司會計　李醒

臨近畢業，我進了北京一家中等規模的公司當會計。本來就不是名校畢業，又沒有工作經驗，能在這樣一家公司當會計，真是不錯的選擇。公司有三個月的試用期，真希望到時能順利留下來。

很快，三個月的試用期快到了。劉老師明白我的心事，對我說：「沒事，你能過的。」三個月的最後一天，主管讓秘書通知我交接工作，然後去財務領薪水。我還是沒能留下來。

「怎麼會這樣呢？」我問劉老師。「我也沒想到啊！」劉老師也是一臉疑惑地回答我，「我去主管辦公室幫你問問。」

剛開始，我的工作是核對票據。從我的住處到公司有二十多公里，每天早晨，我五點多起床，六點多出門。在趕往城裡上班的人潮裡，我是其中一員；頂著星星最晚回家的，也是我。

一個月後，我開始協助公司裡的老會計整理帳目了。老會計姓劉，公司裡的同事都稱他為老劉，我稱他為劉老師。劉老師人很熱心，很細緻。很多帳目，他一眼就能看透。

我喜歡跟著劉老師一起對賬，跟著劉老師，我學習了好多經驗。很快，劉老師一臉惋惜地回來了：「小李，對不起，我沒能幫你。」

細節・被遺忘的手套

原來竟是一只手套讓我過不了試用期。

第二個月的一天，風挺大。那天下早班，下午六點多就可以走了。我走到停車場準備騎車卻發現只拿了一只手套，另一只忘在辦公桌上了。我於是趕緊上樓去取。

在電梯間碰見了我們主管：「主管，您好。」「啊，小夥子，都下班了，怎麼還往回走啊？」「有東西放在辦公室了，我上去拿。」我回答。「噢，我剛才離開時大家都走了，你沒有鑰匙，我跟你上去拿吧。」後來一起下樓，到了大門口，主管上了他的專車，我騎著我的自行車。

劉老師歎著氣說：「主管說了，要是別的工作，這點事算不得什麼大事。可是作為會計，怎麼能這樣丟三落四？如果在做帳時也這樣，造成什麼樣的後果是難以預測的。」

回到住處，我把那只手套放在了我的床頭，提醒自己時刻注意。

菁英思維

嚴謹細緻的作風

馬虎輕率是成功的致命殺手，它不但讓你不能繼續獲得未來的成功，甚至會毀掉你已經取得的成就。這個過程只是一瞬間，而你以前的成就是辛辛苦苦奮鬥多年的結果！一定要養成嚴謹細緻的作風。

人的性格、工作作風很多是由平時的長期積累形成的。耐心、細緻、腳踏實地，如果能擁有這些品質，你肯定會受益終生。等時間過去了，你就會知道，踏踏實實做事情，最後的好處可能不是你做過什麼，而是形成了一種正確做事情的風格。

細節43 想像力的重要性

綠色是春天的顏色，是生命的顏色。夏天，夏天是什麼顏色的呢？也許夏天是藍色的，或者是綠色的……這只是一個見仁見智的問題，有什麼重要的呢？

爭取實習公司的面試

當事人：法國高等學校商科學生　小戴

法國的高等學校規定學生必須參加一定期限的實習，我就讀的里昂高等商科學校規定實習期限為十二個月。

通過學校的內部網路，我向歐萊雅投了履歷，不久竟然得到了該公司奢侈品部門打來約面試的電話。時間安排在傍晚五、六點，面試官是一個很青春的女孩，一見面就讓我留下了很好的印象。

問了一些常規性的問題後，她拿出了幾瓶香水，說是公司的最新產品，要考考我。得到歐萊雅的面試機會後，我把他們的產品好好地研究了一番，對香水、護膚品也有了一些基本的知識，所以也算是有備而來。

她拿出一款香水問我：「你認為這瓶香水適合在哪種季節給哪一類人使用？」我聞了聞，香味很清新：「這適合年輕女孩在夏天使用。」

面試官微笑著：「這正是前兩天新推出的蘭蔻夏日系列香水。名字Calypos。」這個詞很熟，我似乎聽某位教授講過，好像是與女性有關的，於是我靈機一動：「我不知道這是什麼意思，但這個名字讓我想起了雲彩的輕柔。」美麗的面試官笑容更濃了：「這是希臘詞，含義是仙女！你對產品很敏銳。」我心頭暗喜：「這次面試有戲了。」

接著，她又拿出一款日本品牌的護膚品考我。我見包裝是綠色的，便想到了春天，就說：「這款護膚品應該是春天使用的吧。」這次，面試官沒有用微笑回應我，而是反問道：「你認為夏天是什麼顏色？」我回答道：「夏天應該是藍色的，是大海的顏色。」

「可是藍色太憂鬱了。」「是的，藍色是憂鬱的……但是它能讓人想到海洋和天空……自由和寬廣，還有……。」美麗的面試官優雅地微笑著打斷了：「好，你的意思我明白了。今天就到這裡吧，有消息我馬上通知你。」

兩週後，我收到了歐萊雅的婉拒信。

細節・夏天是什麼顏色的？

又過了兩週，我在一個日本朋友家裡看到了這款綠色包裝的護膚品。它正是那家日本公司夏天主推的商品，針對的消費族群為年輕女性。

原來是這樣，我怎麼沒想到呢？綠色，竹子是綠的，草坪是綠的，大樹是綠的，樹蔭也是綠的，綠色清涼透爽，夏天就應該是綠色的。

看來，自從我自作聰明地把那款綠色包裝的護膚品說成是春天專用之後，我的敗局就顯現了，而且我沒能說服面試官，讓她贊同我的觀點。所以，看來這次面試失敗是完全有理由的，我的想像力還有待訓練、提高。

菁英思維　想像力推動知識的進化

愛因斯坦說：「提出一個問題往往比解決一個問題更重要。因為，解決問題也許僅是一個數學上或實驗上的技能而已，而提出新的問題，卻需要有創造性的想像力，而且標誌著科學的真正進步。」可見，想像力比知識更重要，因為知識是有限的，而想像力概括著世界的一切，推動著進步，並且是知識進化的源泉。

嚴格地說，想像力是科學研究的實在因素。現在的公司更是重視想像力。比如，蘋果公司文化的核心就是一種鼓勵創新、勇於冒險的價值觀。

當然，想像力之所以成為想像力，不是因為它可以擺脫任何限制地瞎想。作家余華說「想像力不是讓人到天上和一條狗結婚」，而是必然包含了某種審美體驗在其中。

想像力包括兩個方面：「想像」和「力」。而「力」則存在於我們原先所關注的衝突被解開的那一刻，它讓我們原先的各種預期和猜測一一落空，我們驚歎道：「原來事情是可以這樣解決的。」這就是想像力的偉大之處。

細節44 漏一個字母的代價

漏一個字母，這在英文單字拼寫中經常發生。這種錯誤是沒法避免的。但如何做好善後工作極其重要，尤其是從事服務業。

總裁無法入住的失誤

當事人：酒店櫃檯人員　李冰

我們主管已有好些天沒有給我好臉色了，當那位英國公司的總裁訂了S酒店舉行記者招待會的消息傳來後，主管終於暴發了：「李冰，真不知道你是怎麼辦事的，讀的書也不少，怎麼這一點事都辦不了？」

我無言，只能兩眼盯著腳尖，心裡默念：「沉默是金……。」其實不用主管罵我，我也知道自己這件事做得不太好。要不是我的失誤，那位總裁先生應該住在我們酒店，那個記者招待會也將順理成章地在我們酒店召開。

總裁先生來中國是為了參加一個交易會。臨行前，他委託一家仲介公司在我們酒店訂了一個標準套房。可是當總裁先生來到我們櫃檯辦理入住手續時，總檯服務員，也就是我，查詢電腦記錄後告訴他：沒有預訂房間。

總裁先生沒料到會發生這種意外，一時不知所措。他急忙打電話回公司，問到那家仲介公司的電話，然後向仲介公司查詢此事。仲介公司表示確實已經幫他訂房，而且他們還拿到了酒店開出的預訂確認單。看來問題還是出在酒店。

細節・消失的訂房紀錄

我又用電腦查詢了一遍，還是沒有總裁先生的大名，只能重申：「先生，我們這裡沒有你的訂房記錄。」聞訊趕來的主管，示意我別下判斷，自己連忙細查預訂顧客名單，終於發現原因所在：原來，我們把總裁先生的資料輸入電腦時，將他的英文名字漏打了一個字母，所以在電腦裡面查不到。而那天值班的人是我。

問題雖然解決了，總裁先生卻因此對我們酒店的服務品質產生了懷疑，入住不到兩天就辦理了退房手續，重新尋找其他酒店了。因為輸錯記錄的是我，使總裁先生入住當天心情欠佳的又是我，所以主管對我的惱火程度，我完全理解。只是我心裡的鬱悶也沒處發洩。

菁英思維

使命必達的服務意識

當發現問題時，作為酒店服務人員，李冰應該首先判斷錯誤是不是出在自己這一方，這樣就會首先檢查自己的工作，而不是讓客人費盡周折地輾轉查詢。電腦是很容易出錯的工具，偶爾寫錯名字或別的什麼，是一件很正常的事。出錯並不是問題，有問題的是李冰的處理方式。

所以，這件事，從表面上看，李冰只是由於粗心寫丟了一個字母，追根究柢其實是她的服務意識不到位。

細節45 亂用英文惹人笑話

馬戲撲克牌怎麼就會和「最大限度地嘔吐」扯上關係呢？這裡面涉及的還是一個細節的問題，因為一個細節沒注意，結果造成重大損失。

滯銷的撲克牌

當事人：公司職員　王芬

針對海上航行路程遠、時間長，缺少娛樂活動的特點，我們公司最近生產了一批馬戲撲克牌，向各大碼頭供貨，產品的目標消費族群是各國海員。令人費解的是，購買撲克牌的海員寥寥無幾。這是何故？

原來做市場調查得出的結論是馬戲撲克牌會熱賣，所以公司動用了兩條生產線來做，沒想到如今市場慘澹，倉庫裡撲克牌堆積如山，老闆每天愁眉不展。是前期調查沒做好還是產品本身有問題？老闆讓我進行跟蹤調查，查明原因。

接到任務後，我們每天直接到各碼頭便利商店蹲點。一天，一個大個子海員進入了我的視線。他一到便利店就拿起了我們廠的撲克牌，看了看後卻又放下了，選了另外一種撲克牌。後來發現很多海員都這樣，只要是買撲克牌，都會先看看我們的撲克牌，而最後買的都不是它。

這真是太奇怪了！

細節・嘔吐的聯想

直到一天，一位老先生的話讓我恍然大悟。

那天，這位老先生拿起了我們的撲克牌看了看，竟然偷偷地樂了。我見了特別奇怪，就忙問：「先生，你看著撲克牌怎麼就樂了呢？」老先生笑著說：「呵呵，你說這撲克牌名真夠逗的，竟還在碼頭上賣，我猜永遠也賣不出去。」

我聽得心裡一驚，馬上追問：「為什麼呢？馬戲撲克牌，很正常啊。」老先生臉上的笑容擴散開來：「M-a-x-i-p-u-k-e，Maxi puke，是『最大限度地嘔吐』。人家坐船本來就晃得厲害，最怕的就是吐。好，你這撲克牌叫人最大限度地嘔吐，你說誰敢買啊？」啊，原來都是這名字搗的亂。我謝過老先生，馬上趕回公司，把問題向老闆做了彙報。

果然，換了名後的撲克牌，銷售業績立馬就上升了。

菁英思維　英文名字使用要小心

現代社會，國際化體現在點點滴滴中，產品銷到外國，外國產品進口銷售，都變得極為普遍了。這時，就要注意對產品名稱的翻譯。

一個好的產品名稱往往能起到事半功倍的效果。就好像「safegard」，譯成中文就是「舒膚佳」，既是音譯，又說明了產品的特性，是一個很成功的產品名稱翻譯；而把「馬戲撲克牌」直接寫成「Maxipuke」就適得其反了，無論你的產品品質多麼好，包裝多麼上檔次，人家一看名字就反感，那還有什麼可說的？

細節 46 備忘錄的力量

在寶潔公司，公司職員如果想升職，就先要學會寫備忘錄。現在，寶潔公司的經驗更是推廣到了大大小小的公司。看來，這備忘錄的作用還真是不可小覷。

公司副總的升遷

當事人：部門主管　錢天明

今天公司的常務會上通過了一項決定，那就是公司副總的任命。原銷售部門主管黃明升任公司副總。這項決定使我的心裡酸溜溜的，怎麼也緩不過勁來。

兩個月前，公司原來的副總升任CEO，CEO調去了總部，副總的位置就空下來了。幾個有可能升上去的部門主管都對這個職位虎視眈眈，並進行了明裡暗裡的較量。

高層似乎也有意在幾個主管當中確定人選，所以，也就默許了大家的鬥智鬥勇。經過幾個回合，我和銷售部主管黃明成了高層主管考慮的對象。比賽由此進入了半決賽。就我所知，公司裡有很多人支持我升上去。可是，CEO最終力排眾議，把黃明推了上去。

我突然想起了以前公司的流言，說黃明是CEO的表弟。我這人，有時特別遲鈍，在人際關係方面更是愚笨。無風不起浪，黃明肯定和CEO有些關系，我還爭什麼呢？

想到這裡，我起身給自己沖了杯即溶咖啡：職沒有升，可工作還是必須幹，收拾心情，好好工作吧。這時，CEO給我打了電話，約我到他的辦公室喝咖啡，說朋友從國外給他帶了些咖啡豆。到了CEO辦公室，已是滿室濃香了。

「請坐。」CEO把一杯煮好的咖啡放在了我面前，「我知道你對上午公司的決定有些不解，所以，我準備為你釋疑。」

細節・簡潔明瞭的備忘錄

CEO從資料夾裡取出了兩份檔案：「你看，這是你和黃明在半個月前各自提交的一份備忘錄。」

我拿起黃明的備忘錄仔細地看了起來。這是一份資訊備忘錄，很短，只有一頁紙，但這一頁紙裡面仍然包括研究分析、現狀報告、銷售與市場業績匯整及競爭力分析。備忘錄裡多用數字來說明情況，看得出每部分都是精心撰寫的，上下連接自然，而且問題特別突出、顯眼。雖然僅此一頁紙，可是字字珠璣，字字都不可或缺。

看著旁邊我的那份二十多頁的備忘錄，我隱隱知道自己輸的原因了。「黃明的備忘錄寫得很精彩，相信這一點你是認同的，但你現在疑惑的是，備忘錄與升職又有什麼關係呢？對吧？這樣說吧，作為一個管理者，特別是高層管理者，必須學會寫備忘錄。因為，一份好的備忘錄是公司決策的基礎、方向，甚至就是公司的決策。它要求簡潔、明瞭，爭議性小。從一份沒有條理的備忘錄裡，我只看到撰寫者混亂的思維。」CEO眼神定定地看著我。

在發生這件事情之前，我從來沒有想到一頁備忘錄竟會有這麼大的力量，它竟能決定一個公司的副總人選。當然，現在我相信了它的力量，也信服了它的力量。

菁英思維　高效能的執行能力

工作效率和高效能的執行能力也會始於一頁備忘錄。寶潔CEO雷富禮說過這樣的話：「我們所有的高級管理人員都從內部提拔，但如果你想要升遷，最好先學會寫備忘錄。」

寶潔公司規定，備忘錄不能超過一頁，因為它的字數少，引起的爭論也會減少；另外，在一頁紙上檢查和核實二十個數字，比在一百多頁裡檢查和核實每頁二十個數字容易得多；而且，它可以使問題突出、醒目。一頁備忘錄能將冗長空洞的文字、陳腐低劣的見解殺於無形，保證公司高效能的運轉。

細節 47 提高危機處理的能力

當那個赤裸著上身、僅穿著短褲的醉漢出現時，一切既有的規則都不起作用了，突發事件出現了。

醉漢闖入客房的緊急事件

當事人：酒店主管　力帆

做酒店主管，總是有數不清會令你意料不到的事情要處理。有時，一點點疏忽了，沒有處理好，就可能造成嚴重後果。

前兩天，因為我對一件事情沒有處理好，使我們酒店聲譽受損。又是召開記者招待會澄清事實，又是做軟性廣告，才把事情給平息下去。因為這件事，CEO對我拍了三回桌子，差點把我給「炒」了。幸好事發後，我的處理還算妥當，老闆才沒有換掉我。

這件事發生在一個月前。一天深夜，一個身穿著短褲的醉漢吼道：「服務生，快拿一〇一二房的鑰匙來，我進不去啦！」樓層服務人員嚇得花容失色。她跑過去將鑰匙遞給醉漢後趕緊離開了。醉漢開門進去，緊接著房裡傳出一聲女子的驚叫聲，然後是一聲男子的怒吼聲。

服務人員趕緊走過去，剛才的那個醉漢匆忙從房裡走出來，說：「我搞錯了，我的房號是一〇二二。」一〇一二房裡的房客是一對中年夫妻，從房裡滿面怒容地出來：「搞什麼鬼，居然讓人深更半夜闖進房裡！」我聞訊趕後緊過來給房客道歉：「對不起，實在是對不起！」

「你說怎麼辦吧？」客人緊接話說道。我太輕視了問題的嚴重性，自以為道歉就完事了，而事情並不那麼簡單。

細節・當機立斷的魄力

「您看這樣行不行，免去您今晚的住宿費，算是對您的補償。」我滿臉微笑著，希望客人能滿意我的條件。「既然你這樣說，我也不為難你們。我們要在這裡住三天，這三天的住宿費你們要全部招待。」客人說。

這我就有些為難了，我沒法答應他：「我的許可權只能免費住宿一天。您看這樣行不行，您先休息，我向老闆彙報，明天給您答覆。」客人很不滿意：「我受了驚嚇，能睡得著嗎？你必須現在就給我答覆。」「今晚我真的沒辦法，我們老闆目前在國外出差。」「那你就等著吧。」

第二天早上，這則新聞在網路上擴散，給我們酒店造成了非常不好的影響。

菁英思維　每個補救的環節都要到位

其實這個事件有很多機會可以補救的，可是沒有人去做。一個光著半個身子的醉漢出了麻煩，首先應該讓保全人員來處理，而不是服務生。服務生給鑰匙之前應該先查看號牌、驗明身份，可是驚慌中，服務生全忘了。

出了差錯，主管過來並且承認錯誤是對的，但是，一位主管居然以無權處理來推託客人的要求，顯然做得不太高明。就算是無權力，也應該馬上聯繫有權決定處理的人，或者當機立斷處理後再向領導彙報，並解釋情況。

對任何一個追求服務品質的公司團體來說，應該把各個環節都做對、做好。如果一個環節做得不好，還可以補救；要是每個環節都做不好，那就連補救的機會都沒有了。

細節48 報告概要的重要性

王唯不明白為什麼自己的報告總是通不過，難道報告概要的力量真的有那麼大，能讓報告起死回生？

專案可行性調查報告

當事人：公司職員　王唯

「王唯，老闆讓你把寫的報告拿過來。」剛吃過午飯，老闆秘書綿綿就給我打電話了。「好，我馬上過去。」我應道。拿著報告走在路上，心裡惴惴不安，真希望這次的報告可以通過，不然，我這兩晚的通宵作業又成無用功了。

真不明白到底是怎麼回事，無論我費了多大勁，查閱了多少資料，寫出來的報告在老闆那裡就是過不了。他總是隨意地翻翻，然後就不置可否。我不能理解，為什麼明明寫得很好、很詳盡的報告，卻總是得不到老闆認可呢？

「老闆，這是我寫的專案可行性調查報告。」我雙手呈上這兩晚的戰果。「噢。」老闆接過報告，隨意地翻了翻，然後還是不置可否。除了時間，一切都沒變，我的心情再次由希望轉到了失望。回來後，同事老升看著我的滿面愁容，拍著我的肩笑著：「老兄，沒人欠你錢吧？」

我也笑了：「我的報告又被老闆否決了，你說，為什麼每次我的報告命運都那麼慘呢？」「讓我看看。」老升的報告總是一路暢通，他願意幫我看看，我正求之不得呢，趕緊把報告遞給他。

細節．概要是報告的中心思想

半小時後，老升仔細地看完了報告，揉著眼睛，對我說：「你的報告寫得很好，如果附上一份簡短的概要，就肯定能過了。」

「老實跟你說，我也自認為每次的報告都寫得很不錯。所以特納悶，為什麼老闆就這麼不識貨呢？」終於有人認可我了，面對老升忍不住有些感激起來。「可是，如果你不加上一份簡短的概要，就不一定能通得過。」老升很認真地說，「老闆，一天的工作已經夠忙碌了，根本沒有足夠的時間仔細閱讀報告內容。如果你在給他的報告裡附上一份簡潔的概要，老闆拿到你的報告時，就會先閱讀這份概要。通過閱讀概要，他能節省時間，迅速知道你的報告內容，快速做出決策。如果你沒有附上概要，由於老闆事多人忙，加之講求效率，故而最不喜歡長篇大論、沒有中心思想的報告。老闆無心細看報告，甚至還會產生一種厭倦感，你辛辛苦苦做出的報告就有可能被老闆否定，甚至變成一疊廢紙，從而掩蓋了你的辛苦和才能。」

老升意味深長地接著說，「概要就是報告重要內容的縮寫，如此，老闆在有限的時間內就知道報告裡傳達的內容。他會從概要裡知道你的報告主要目的是什麼，報告是寫什麼的，這樣既有利於老闆的閱讀，也有利於你的工作。老闆也許還會認為你是一個精明且有心的人呢。糟了，怎麼把肚子裡的這點貨全給你了？哈哈！」老升以長串的笑聲結束了他的話。

原來如此，我真想擁抱一下老升這個可愛的人！

菁英思維　概要是工作能力的展現

概要就是報告重要內容的縮寫，如此，上司在有限的時間內就能知道報告裡傳達的內容。他會從概要裡知道你的報告的主要目的和主要內容，這樣既有利於上司的閱讀，也有利於你的工作。上司因此還會認為你是一個精明且有心的人，從而肯定你的工作能力，也許某一日晉升的機會就擺在你面前了。

記住，概要寫好了，你寫的報告就成功了一大半。所以，千萬別忽視一份概要的力量。

細節49 好關係不代表好說話

「親兄弟，明算帳」，在利益面前，有時所謂的「好關係」是不堪一擊的。所以，最好的方法還是必須要有法律文書的約束。

商場的使用區域

當事人：經理　尹波

「經理，S公司要求我們撤掉柵欄。」助理小林急匆匆地對我說。「哦，我知道了。」我又說道，「S公司與我們集團公司的關係一向很好，這點事應該不難解決。一會兒我給對方打個電話說一下。」

「我們的貨還在那邊沒法放呢？」小林好像不放心。「出事我擔著，你去忙吧。」我突然發現小林不太討人喜歡。小林工作很認真而且也很負責，可我不喜歡她那種好像不相信人的眼神。

我所在公司是集團下屬分公司，與S公司簽訂了房屋場地租賃契約。現在，我們公司的貨物必須使用一塊相對封閉的區域。考慮到集團公司與S公司雙方的良好關係，我就沒有多加考慮，自作主張動用柵欄把相應的區域圍了起來，跟他們負責人說說也許就沒事了。

我撥通了S公司負責人的電話：「你好，我是尹波，我們公司的貨物堆放只是暫時需要用柵欄圍一下，等這段時間一過，馬上就可以把柵欄撤了。」「你要知道，當時我們的合約上沒有這一條啊，你記得吧，也沒有劃定使用區域。你們這樣做，我們的貨物怎麼放？反正，你們不把柵欄撤了，這問題就沒法解決。」S公司的人口氣很強硬。

怎麼能這麼不講情面呢？我也忍不住有些火了。看來這事今天還解決不了。大家都在氣頭上怎麼談，我只能先把電話掛了：「我們約時間面談吧！現在就先說到這裡。」

明天怎麼說呢？我一邊思量一邊把當初簽的合約找了出來。不看合約我還底氣十足，一看合約，我立馬傻眼了。

細節・按照合約執行

原來，我們當初與S公司簽的房屋場地租賃契約，其中只有「雙方共用場地」，但並沒有具體劃定區域。現在商場上，有利益就有交情，利益衝突了，那就是敵人啊，誰跟誰能是永遠的好交情呢？不管怎麼樣，明知不會有什麼結果也得去做。我想起了小林那不信任的眼光，看來她早就明白這事不好辦了。

不用說也能想像出，在第二天與S公司負責人的談判中，我完全處於被動局面，只能防守，反覆渴望能動之以情，但在具有法律效力的合約面前，我的這套說辭顯得出奇地蒼白無力。

S公司根本就不願講交情，任我把嘴皮子磨破，事情也沒有改變。最後，我們撤了柵欄，另覓場地存放那批貨物。

後來，這事被CEO知道了，他指著我訓了兩小時，因為這份合約是我簽的。

菁英思維

交情要講，帳目更要清

有句老話「親兄弟，明算帳」，在關係切身利益的時候，憑所謂的「交情」總是很難把握分寸、很難約束人的。商場風雲變幻莫測，沒有永遠的敵人，也沒有永遠的朋友，把事情做得圓滿尤其重要。千萬不要憑著一時的衝動，只記得講交情而亂了辦事的程序，忽略了細節。在商場中，交情要講，帳目更要清。

細節50 做事只有微笑還不夠

當一個滿臉微笑的服務生在你面前，你的心情一定十分舒暢。可是如果她微笑著讓你吃冷飯，你還會覺得她可愛嗎？僅有微笑是不夠的。

餐廳負評頻傳的原因

當事人：餐廳老闆　李格

我新開了家餐廳，平常也不大有空管理。可是最近生意日漸蕭條。在我們的留言版上，有很多顧客都寫了「笑得好看，服務糟糕」的評論。「笑得好看」應該是服務好啊，可為什麼又「服務糟糕」呢？這讓我有些轉不過彎來。

在服務行業，都提倡「微笑服務」，所以，我一直都要求店裡的服務生要微笑待客。這都「微笑服務」了，怎麼還對服務有意見呢？

為了查明問題的癥結，我特意拜託了一位朋友去餐廳偵查情況。朋友去我的餐廳吃了一頓飯，回來後發表了他的十六字感言：「笑得好看，做得難看；態度熱情，服務糟糕」。

「這怎麼看著都是自相矛盾的詞呢？」我疑惑不解地問。「在服務行業，光有微笑還是不夠的，李格。」朋友吐著煙圈，慢條斯理地說，「微笑服務就是優質服務，這是一個誤解。微笑畢竟只是軟體。」接著朋友就跟我講起了他的餐廳之行。

細節・餐點美味才是重點

走進餐廳，站在門口的服務生用甜美的微笑迎接他，熱情地招呼：「歡迎光臨！」朋友心想：「李格的微笑服務還真不賴，服務生的微笑很有專業水準。」

坐定後，服務生雙手捧上菜單，同樣帶著專業級的微笑，讓朋友點菜。朋友心情很好點了幾道比較貴的特色菜。不一會兒，第一個菜就送上來了：手抓羊肉。朋友暗思：

「速度也夠快。」

可是才吃了一口，朋友就皺起了眉頭：太鹹了！於是停下來喝茶，等其他的菜。誰知等了好久，菜還沒有送上來。於是朋友向服務生詢問原因。服務員馬上跑到廚房去催單。

過了一會兒，服務員回來，微笑著說：「對不起，您點的菜正好沒有了，可不可以請您再換幾個菜？」沒辦法，只好重新點菜。

服務生考慮到耽誤了朋友的時間，親自跑到廚房督促，讓廚師優先做。可是過了不多久，她又跑回來了：「實在對不起，這些菜也沒有了，可不可以請您再換幾個菜？」

朋友這會兒只有苦笑的份啦：「乾脆有什麼就上什麼吧！免得你再跑。」聽完朋友的敘述，我也只有苦笑了，看來我必須對餐廳進行大改造。

菁英思維 **軟硬體要兼備**

提到服務，人們總是會聯想到微笑，好像微笑就是優質服務。其實，這是一個普遍的誤解。微笑只是軟體，品質、設施、效率才是硬體。硬體上不去，軟體再好也談不上優質，就好像人用一條腿走路，始終快不起來。但是，因為硬體容易複製，所以，在很多時候大家總是強調軟體的重要性，其實，硬體也是必不可少的條件。

細節51 每則訊息都要完整閱讀

訊息忘了看，也不是什麼大事。但如果訊息的內容恰巧就是你要匯款的銀行帳號，而且還是為公司交貨款，那麼事情就不小了。

香港分公司的匯款

當事人：公司職員　Jim

週一剛上班，我就被總經理叫到辦公室。他的臉色很難看，第一句話就問我：「上週五你給香港公司匯款了嗎？」我馬上意識到上週五辦的香港方面的付匯手續可能出現問題了，一臉不安地說：「匯了，我特意趕在下班前去銀行匯的。」

畢業後，我在一家私人公司從事外貿工作。我知道職場有細節，卻無小節。不拘小節的，很多時候並不受青睞，所以工作之中，我總是小心謹慎，當然，這也使我的工作很少出現失誤。

上週五，總經理吩咐我給香港辦理匯款。我帶著早已準備好的外匯資料到銀行，趕在下班之前將這筆錢匯去香港。我記得當時我認真地檢查了金額、日期、發票、合約，並且又重核了一遍，確信沒有問題之後才交給銀行的。

在銀行工作人員審核後，依照程序辦理買匯外匯。這怎麼會出現差錯呢？

「你寫的帳號是多少？」見我不作聲，主管的臉都變成鐵青色了。

我真是弄不明白，每填一個數字我都是小心又小心的，怎麼就會把帳號弄錯了呢？主管的狂怒都把我搞昏了，腦袋裡一團麵糊，只有呆立一旁挨罵了。按主管的話，問題該是出在帳戶號碼，為什麼會出現這個問題呢？

原來是這樣。

細節・閱讀完整的訊息

當時帳號是香港公司負責人通過微信將訊息發給我的。我趕緊把訊息又讀了一遍，原來我在記帳號的時候，最後一個數字正好換行，而我沒有把訊息繼續翻下去，如此就漏掉了最末尾的一個數字。

由於資金沒有及時到賬，導致香港那邊不能按時付款，損害了公司信譽，也造成了不小的經濟損失。當時我陷入了深深的自責，後來通過多方面和銀行溝通，終於在最短時間內把這筆錢匯到了香港帳戶。

為了讓我長「記性」，公司決定扣我兩個月獎金。

絕大多數細節會像我們每天數以億萬計脫下的皮屑一樣，看不到揚起或落下便無影無蹤了。但總有一些細節，會深深地打動我們，烙進我們的記憶，決定或改變我們對人和事的看法與態度。

這件事讓我明白，有時候儘管你為一件事情做了百分之九十九的準備，但也許就是百分之一的疏忽，前面的努力都會歸零，甚至是負數。這也許就是職場生存的法則。為了記住這個教訓，我把那張寫錯了帳號的付款單貼在了工作記事本上，每一次翻開就會提醒我：注意細節！

菁英思維　小事具有決定性的力量

職場生存法則：100-1≦0。工作中儘管你為一件事情做了百分之九十九的準備，但也許就是百分之一的疏忽使前面的百分之九十九歸為零，甚至為負數。我們不得不承認，更多時候一些小事具有決定性的力量。在習慣了的工作中，能夠發現值得關注和提升的小事，並能在它們變成大事之前予以解決，這就是學習力。

細節52 一小時的價值是一百萬元

如果你遲到了，那麼就會在心裡產生愧疚，在氣勢上輸給對方。如果對方還不給你道歉的機會，那麼這種愧疚就會長存於心，從而受對方壓制。

遲到的合作會議

當事人：專案經理　鐘居豐

真想不到路會這麼堵，如果提前一點出門就好了。約好了外國人談合作，眼看時間就要到了。可這會兒路上堵成這樣子，誰也不抓不準什麼時間才能到！

看看副駕駛座上的老闆，也顯得挺焦躁的。我看看錶，在約定的時間內鐵定是趕不上了：「老闆，看來我們只能跟史密斯先生解釋一下，讓他們等一等了。」「現在除了這個也沒有別的辦法了。」老闆愁眉苦臉拿出了手機，「喂，史密斯先生，我們在路上，堵車了，看來我們得晚到半小時，對，就半小時，請您等一等。」

掛上電話，老闆擔心地問：「看這情形，半小時夠不夠？」「難說，剛才交通臺的路況資訊說前面也堵得厲害。您應該告訴他們可能要一個小時，讓他們好有個心理準備。」「我擔心如果時間太長了，會激怒他們的。」聽了老闆的話，我沒有說什麼，但感覺這樣終究是有些不妥的。

半小時還是過去了。老闆只能再次拿出手機：「史密斯先生，真是太對不起了，我們可能還需要三十分鐘。」終於，我們抵達了約定的地點，但比約定的時間已晚了一小時。

史密斯先生正在來回地踱著步子。老闆立刻道歉：「真是對不起，我們……。」「我們快談談專案內容吧。」史密斯先生打斷了我們的道歉，向老闆伸出了大手。

在接下來的洽談中，不知不覺地，我們總是處於被動中，儘管好幾次，我明顯地感覺到老闆想掌握主控權，可這種努力總是被史密斯先生化於無形。

經過艱難的談判，最後我們不得不同意比原計劃多付一百萬元。回來的路上，我們都挺喪氣的。

細節・遲到的壓力

在車上，老闆幽默地說：「真是沒想到，這一小時的價值就是一百萬元。」我很不解，便問：「我們是遲到了一小時，難道就是這一小時導致了我們的談判結果嗎？」

「就是啊，真該聽你的話，如果預先把時間留足一點，也許結果還沒有這樣糟呢！」老闆歎了一口氣。「是啊，我也覺得這樣給人家造成了兩次毀約的印象，還不如一次就把時間留足了。如果我們提前到了，人家就會忘掉原有的遲到時間，而對我們匆忙趕時間的努力給予肯定。」我接著說著。

老闆點燃一支煙，分析道：「我們已經給人家留下兩次毀約的印象，內心對史密斯先生充滿了愧疚，本想立即道歉，以減少內心的壓力，可是史密斯先生很聰明地利用了我們的愧疚，偏偏不給我們道歉的機會，而且先向我們伸出了手，這樣在原先的壓力未解的情況下，我們又得再次承受壓力。所以，在整個談判過程，我們始終處於劣勢。」

果然，這一小時的價值是一百萬元。

菁英思維　商業談判的技巧

當無法履約時，假設可能遲到二十分鐘，如果預留時間說「可能遲到三十分鐘」，這樣雖然在電話裡也許會使對方不快，但當縮短了十分鐘趕到約會地點，就會使對方忘記之前的二十分鐘的遲到，而對你匆忙趕時間的努力給予肯定。

遲到後，會因為愧疚而在態度上比較謙和，多少會客氣些，但如果能馬上道歉，等到彼此的談話投機了，這種愧疚感便會煙消雲散；而如果對方始終不給道歉的機會，就會使人產生不安心理，接下來的談話，也就會自然地放棄主控權。

這是由於人的心理有一種傾向，就是當自己知道的弱點或錯誤被他人藐視時，便會有種人格遭受藐視的錯覺。

總而言之，在商業談判中，千萬別在時間上或者是別的什麼地方讓人家抓住了漏洞。

細節53「1」和「7」的差別

一個數字的誤差，如果實施起來，帶來的卻是六佰萬人民幣的差額。所以，財務人員一定要小心加細心。

學以致用的財務工作

當事人：公司財務　仇宇

費盡千辛萬苦終於找到工作了，雖然不是財務總監，但也是在財務部門工作，也和財務有關。自己學的就是財務會計，總算是學有所用。

話說那天，老闆讓我為某公司的合約起草一份協議。經過兩天的艱苦努力，終於完成了任務。我把協議送給老闆過目，老闆一看，做得還不錯，給了我一個溫和的微笑。

我高興得一宿都沒有睡踏實。想了又想，思了又思，下定決心要在這個公司好好發展下去。可是，壞消息總是在人最高興的時候突然襲擊，讓人的情緒產生強烈落差。

第二天一到公司，老闆的電話就來了：「仇宇，你過來一下。」我還沉浸在昨日的歡樂中呢，以為老闆要誇我什麼的，就開心地跑到老闆辦公室。

推門進去，發現老闆的臉色有些不對，心裡暗想：「他昨晚肯定加班了，不然臉色怎麼這麼難看。」「仇宇，你試用期沒過，這是你這幾天的工資，你收拾完自己的東西走吧。」

無論我的腦子轉得多麼快也沒有想到老闆竟是要辭退我，我一下子呆了：昨天我還想著好好幹，努力向CFO看齊，怎麼今天就被老闆吩咐收拾東西走人了？這變化之快，讓人有些接受不了。

「為什麼？」我目不轉睛地盯著老闆。

細節・七百萬元的協議書

聽完老闆的話，我知道這份工作是澈底完了，已經沒有挽回的餘地了。其實，我如果認真一點點，就不會落得這樣的下場。

老闆被我看得似乎有些不自在，他把目光轉向了桌上的一份協議，正是我昨天起草的那份協議。他把協議遞給我：「你仔細地看看，仔細看啊。如果你發現了錯誤，我就再給你一次機會。」

我接過了協議，一個字一個字地看了一遍，又看了一遍，我搖搖頭，把協議遞給老闆。他把它擱在桌上，然後拿出他給我的資料，手指落在了一個數字上。那是「100 **萬**」：「看看你把它寫成多少了？」我又看了一遍，天哪，在我起草的那份協議上赫然標著「**700 萬**」。

「如果把你的這份協議書給客戶，你說會產生什麼樣的後果？這六百萬的差額由誰來出？」老闆的聲音有些激動，「如果你想做這一行，就要細緻。財務人員每天都是跟數位打交道的，這數字出現差錯，關涉著公司的生死存亡。這次，錯誤是糾出來了，如果沒有人給你把關呢？」

我默默收拾了自己的東西，沮喪地走出了公司大門。

菁英思維 **財務人員的職業素養**

把「1」看成「7」，在生活當中好像並不是多麼要緊的事，可是一到財務人員，事情就變得非常嚴重。

公司財務部的員工，不要以為只是做做財務報表、開開單據。網路數位時代裡，財務部門的統計資料，決定公司專案的預算大小和業績優劣。財務人員已經從傳統的配角逐漸走入參與決策的權力核心，財務人員必須熟悉各個部門的業務；對金錢必須斤斤計較，老闆的決策更是以財務人員的統計結果為依據。

作為財務人員，更要注重細節，細緻和細心是一種職業素養，必不可少。

細節54 文字敘述的一字之差

記者一個字的疏忽帶來的衝擊可真是不小，稅務局、工商局全盯上了，把公司現狀全部打亂了。看來，各行各業都要事事小心、細心。

民營企業的媒體報導

當事人：媒體記者　陳明

還沒起床呢，電話鈴就響了。我真不想接，今天凌晨三點才從吉林回來，五點剛睡下，怎麼有人這麼煩呢？

我堅持著，用被子捂著耳朵。可是電話那頭的人似乎耐力極好。幾分鐘後，我不得不從床上爬了起來：「喂，哪位？」「我是W公司的李某，你上個月來過我們公司採訪的，記得嗎？」

噢，我記起來了，是一家民營企業的高層主管，我連忙打起了精神：「李總，我哪敢忘記呢？這麼早，您找我有事？」電話那頭的人好像欲言又止，我趕忙說：「我們都這麼熟了，您有事就說，只要我能幫忙的，一定盡力而為。」

李總在那頭倒笑了：「知道李記者是個仗義的人，只是有時候有些過啦。」「啊，發生什麼事啦？」「還記得上週您發的那篇報導吧？工商局找上我們啦！」李總說得有些無奈。

「一篇報導怎麼惹上工商局啦？」他的話使我迷惑起來。

細節・「百」與「萬」的差異

「你是好心，我知道。我只是想把事給你說了，然後請你去工商部門給解釋一下，真的沒有別的意思，你可別誤會啊。」李總小心翼翼地說。

我知道公司都不想得罪記者，特別是大報的記者，但要是這麼說話該多難受啊，就催促道：「有什麼問題你直接說吧！我也是一爽快人，是黑是白也分得清。」

「好。你報導我們公司的成就，給我們做了宣傳，我們都從心裡感謝你。可報導剛在報紙上登出來，我們這兒的稅務部門就立刻找到我了，而且還特嚴厲地說：『你們隱瞞實際收入，企圖偷稅漏稅，現在必須補繳稅款！』

當時，說得我一愣一愣的，我真的沒有偷稅漏稅啊。於是就與稅務部門的人爭辯。稅務部門的人說：『你們還狡辯，更應該加重處罰，你們說沒有隱瞞收入，但新聞已經把你們的收入登出來了，與你們上報的出入太大，你們還不承認？』沒辦法，我只好找來新聞，一看才發現，你把我們公司的年收入寫錯了，把『百』字錯寫成了『萬』字。所以，請你無論如何得去稅務部門那兒解釋一下。」

我一聽，睡意全無，真沒想到自己一時的馬虎竟給人家造成了那麼大的麻煩。我掛了李總的電話，又給他們當地的稅務局去了一個電話，還在媒體上登了一個聲明，這才完事。

菁英思維

千萬別馬虎犯大錯

這畢竟只是一件小事，只是有些麻煩，最後解釋清楚了也就真相大白了。

有時候，就因為一點小馬虎，就可能造成不可挽救的後果。在職場中，如果你平時的馬虎輕率一旦鑄成大錯，給公司造成巨大損失，那麼，你以前所有的辛勞都會付之東流，甚至給你的職場生涯抹黑，帶來陰影。你想想，如果在業界，大家都知道你曾因為馬虎給原來的公司帶來重大損失，還有別的公司敢要你嗎？

細節55 畫龍點睛的創意

創意工作，最重要的就是創意。如果是別人的創意，就算你執行得再好，也只能是配角。少了創意就少了工作的精髓。

三八女人節的促銷方案

當事人：企劃部主管　斐文

想想我都覺得心有不甘，我們企劃部那麼辛苦地製作的方案，人家只說了幾句話，怎麼就把成果都占了呢？

一到節日，我們企劃部總是最忙的。春節剛過完，我們部門就日夜燈火輝煌了。因為上半年活動特別多，所以企劃部這段時間也挺忙。這不，現在趕的就是企劃「婦女節」的促銷方案。

整整一個星期，我們部門的那些員工全然不顧「熊貓眼」的威脅，天天咖啡加綠茶的耗在辦公室裡。當然，成果也是這麼出來的，二月底，我們終於準備好了「婦女節」的促銷方案。

當我們歡呼雀躍著把方案呈報給CEO時，老闆卻只是看著，良久才道：「去年婦女節做的促銷活動也是這個思路吧，看上去都很好的，可是不知道為什麼，效果不太理想。我擔心今年的方案會不會……？」

看來不把去年的病根找到，今年的方案肯定是沒法通過的。

老實說去年的企劃案做得很不錯，我們當時都覺得近乎完美了，可是效果並不好，大家只能沉默著。

細節・創意與執行力

正巧，市場部的艾麗要找老闆簽份文件，看到了我們新的「婦女節」促銷方案，就吃驚地說：「這個方案真的不錯，不過，總感覺哪個地方有點不對……對了，女人，不是婦女。沒錯，就是女人節，就是女人節吧。」

老闆一拍腦瓜：「對啊，我們推出的系列優惠活動都打著『婦女節』的名義，現在的年輕女性（也就是主流消費族群）可能不太願意接受『婦女』這樣的稱呼。所以，我們應該把『婦女節』改為『女人節』，這樣有現代氣息，才能獲得大多數女性的認同……」

就這樣，今年「三八女人節」，我們的促銷方案轟轟烈烈地登場了。據市場部瞭解，迴響非常強烈，「變字」方案一炮打響。許多同行見之，也紛紛開始「變字」。

月底開慶功會，本以為我們企劃部會拿大獎的，不料，就因為那句「女人節」，市場部的艾麗獲得公司的大獎勵，而我們企劃部的幾個日夜辛勞，雖心有不甘，但又能如何，創意部門竟然讓別人給出創意……。

菁英思維

團隊合作力量大

辛苦了幾個日日夜夜卻為別人做了嫁衣，斐文和同事們的不甘自有道理。但一個公司能發展，靠的就是員工的合作。

再者，在這個企劃方案中，亮點正是「女人節」，這就是創意，所以，市場部艾麗本來就是頭功，被獎勵也是理所當然了。

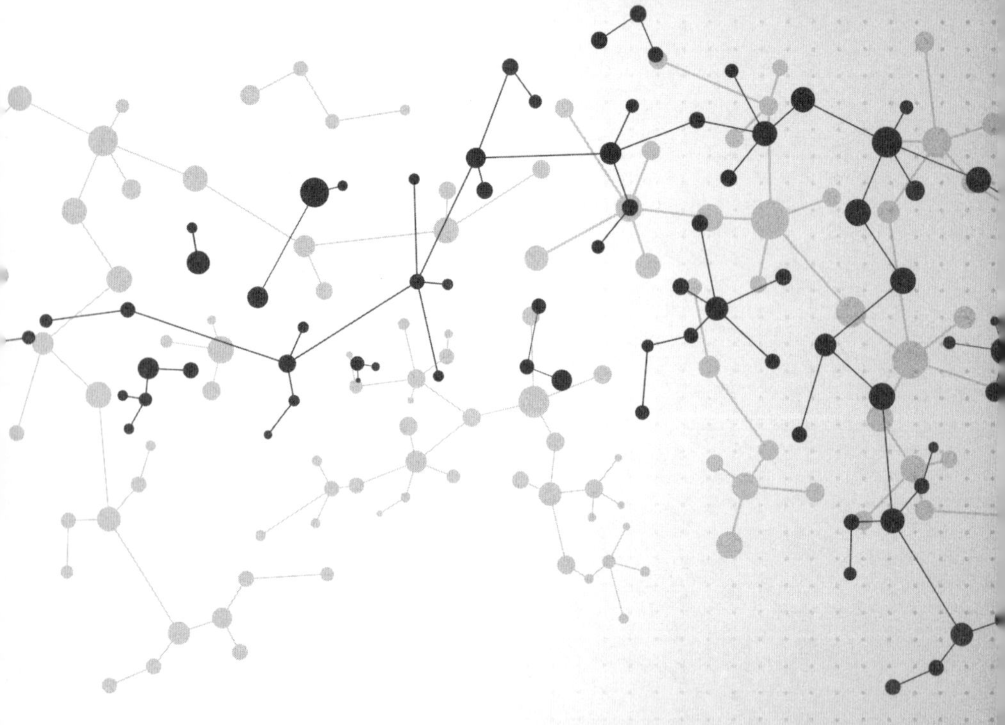

PART 4 人際互動

正向循環的人際互動，要會做事也要會做人

細節56 穿著打扮的影響力

所謂「人要衣裝，馬要鞍」，衣服鮮亮，人也精神，可見穿著打扮不是小事，更何況有時它還會對一個人的事業產生很大影響。

老闆在逼我自動離職嗎？

當事人：公司職員　劉尚

近半年了，我一直都被老闆「冷凍」著不聞不問。閒暇時間多了，心裡卻慌了。原以為只是公司事少，可同事們都那麼忙。如果我已五十、六十歲，每天喝喝茶、看看報也好，問題是我還不到三十歲呀。我也經常找主管要求任務，可老闆老是拿話搪塞著：「不急，不急，你先熟悉工作。」

想想當初，我在工作中十分精明強幹，人又踏實，也很機靈，所以在老闆的眼裡，我是一位相當可靠的員工，而我也瞭解他的期望，工作也特別用心，逐漸確立了在公司的地位。

到底是什麼事使得老闆對我的態度前後反差如此之大呢？這個問題每每攪得我心情焦躁，不能成眠。難道老闆在逼我自動離開？可這又是為什麼？

細節・搶走老闆的風采

早上，老婆拿出一套西裝來：「劉，你怎麼不穿西裝，我覺得你穿這套西裝挺有型的，就像一位大老闆。」我一驚，一定是因為那件事我才被「冷凍」了這麼久。

半年前，老闆讓我陪他洽談一個合作案。為了給老闆做面子，我就咬咬牙下血本買下了這套西裝，連老闆見了面也誇我精神。可我怎麼也沒想到正因為這件衣服太適合我，麻煩也就來了。

下午按照雙方約定的時間，我們見到了客戶。未等我開口介紹，客人已經緊緊握住了我的手：「王總，你好！」我一愣，馬上明白客戶把我誤當作了「主人」，而把老闆當成了員工。

我連忙抽手：「這位是我們王總。」當時，一絲不快在王總的臉上一閃而過。雖然有前面這樣掃興的事，但會談還是很成功的。送走客戶後，老闆說有事，直接驅車離去，而我則回公司上班。

記得自從完成那個合作案後，老闆就再也沒有讓我負責大專案了。看來就是這件事讓老闆對我的印象完全變了。

菁英思維

永遠別穿得比老闆還出風頭

穿著打扮，看起來是一件小事，但對一個人的事業成功有很大影響。一位形象設計顧問建議說，永遠別穿得比老闆還出風頭。相反，聰明地模仿上司的穿著，會讓他在不知不覺中與你感覺親密。

如果你碰巧遇見一個沒有品味的老闆，忠告你，不要試圖用你自己的現身說法去影響你老闆的品味，你應該明白這個看上去不像老闆的人之所以成為你的老闆，肯定不是因為他會打扮。

細節57 不要輕信熟人

想投保為的就是買個平安，圖個保障，可讓人怎麼也沒想到的是，保險費竟然都被保險經紀人據為己有了。

保險經紀人詐騙

當事人：公司職員　王先生

我想投保為的就是買個平安，圖個保障，可我怎麼也沒想到，保險費竟然都被保險經紀人據為己有了。為這事，我不僅要經常跑檢察機關、保險公司，還被CEO罵過很多次，被同事們埋怨得昏天黑地，總之，為了這件事，我如今在公司整日裡灰頭土臉的……。

可這事也真是讓人防不勝防。我看，無論誰要遇上這事，都不能確定自己能躲過。

去年，作為福利，公司決定給員工辦房貸險。因為認識一個保險公司的熟人，我們主管就把這事交給我。這可是真正給大家辦好事，我怎麼能推辭呢？就樂顛顛地去找保險公司的人。人家一聽也挺高興的，這可是介紹客戶：「你過來吧，我一定給你們最合算的項目。」

經過兩天的往返折騰，事辦好了：每一百萬元的房貸險，百分之二十的扣率。

本來一百萬的房貸險，還要求百分之二十的扣率，這種保險利潤很低，很多保險公司都不願意做的。能辦上這種保險，同事們都很開心。然而，樂極生悲啊。

過完春節，有一同事跳槽了，總經理就讓我去保險公司給他退保。這一來就出事了。保險公司的那個職員竟然把我們的保險費全部收到自己的腰包裡去了。然後，我的生活就從春天越過夏、秋，直接跳到了冬天……。

細節・熟人的詐騙術

要說這事也很巧，就在我們要去辦保險的時候，那個人剛好就撿到了一張空白手寫保單，而且上面已經蓋了公章。按我們的要求，這樣低的利潤，他們公司肯定不給做。那個人就思量著：保單反正不是自己領用的，用那些保單做，公司肯定不會知道。於是，他就用撿的保單填了我們的資料，將憑證聯交給了我們，而將留給公司做帳的二聯銷毀了，每次從我們這裡收去的保險費也都偷偷挪用了。

要不是這次辦退險，也不知道這事什麼時候才會露餡，到那時損失可就更大了；經過這事，我勸大家買保險千萬別輕信熟人，一定要及時到保險公司查詢自己的投保情況，以免重蹈我的覆轍。

菁英思維　即時確認投保內容

隨著國家保險福利制度的健全，保險的險種越來越多，買保險的人也越來越多。買保險本來是圖保障，如果碰上王先生那樣的事，辛苦錢都被騙了。根據檢察機關透露，保險經紀人涉嫌挪用資金、職務侵占等犯罪案件正在增加。所以，我們買保險後一定要多留個心眼，就像王先生提醒的，千萬別輕信熟人，要及時到保險公司查詢自己的投保情況，不要忽視這個細節！

細節58 別把客套話當真

天上不會掉餡餅，沒有不勞而獲的好事，想占便宜早晚得吃虧。

意外中的避暑旅行

當事人：公司職員　老馬

我是公司裡的一名普通職員，人緣很好。身在這種地方少不了每年訪視下級單位檢查指導工作，我不貪不占，隨和又沒架子，所以下級單位的反映一向很好。可就在去年，就因為自己的一點點貪心，弄得自己不但沒有吃到羊肉，還惹了一身麻煩。

去年開春，我作為工作組成員到東北巡視檢查工作，住處在大興安嶺腹地，距長白山天池不遠，雖然多次到這裡，天池卻沒有去過。當地陪同人員與我很熟，閒聊時鼓勵我夏天帶上老婆孩子到這兒休假，避一避京城酷暑。

我極力推託，怕麻煩對方。陪同人員說：「不麻煩，你來前打個電話，我吃住行全給你安排好。」我敷衍著：「謝謝，謝謝，有時間一定來看看。」

回北京後，我就把這事忘了。到了七月份，京城熱得出奇，老婆孩子吵嚷著要到涼爽的地方去躲一躲，其實我自己也有這份心思，就想到了東北那個森林中的城市。一個電話打過去，說要去休假，對方熱烈歡迎。

我們一家下了火車，對方早已等待多時，熱情寒暄之後，我們被安排到對方公司的賓館休息，晚上對方設宴為我們一家接風，說我們能到這裡休假，是對當地工作的最大支援。受到如此熱情的招待與奉承，我的心裡美滋滋的。

山上采蘑菇，溪中摸小魚，湖上泛舟，林中散步。轉眼過了半個月，一家子戀戀不捨地離開了這個小城市。

誰也沒想到在北京卻有大事等著我……。

細節・別把客套話當真

一上班，我就被找去處長辦公室報到，處長說局長有事一直在等你回來，我趕緊跑到局長辦公室，局長正在打電話，見我進來，手一指沙發，我坐了下來。

打完電話，局長從抽屜裡取出一封信，讓我看，看著看著我坐不住了：「局長，這……唉！」「你去哪裡旅遊就自己去，為什麼要麻煩下級單位的人員。」局長肯定在暗想，老馬怎麼會犯這麼個低級錯誤。

「他們三番五次地邀請我去，我覺得人家挺熱情的，唉，誰知道會是這樣。」「人家讓你去旅遊，那是對你的客氣話，誰去人家都這麼說，誰像你這麼當回事。你覺得人家很熱情，其實人家很反感，你還沒回來，人家告狀信就來了，還附著你所有開銷的發票八千元，都可以到東南亞轉一圈了，你看你冤不冤。」

如數掏錢不算，我還被通報投訴，提起這樁煩心事，我的滿腹感慨就不由而生，這客套話，半真半假，可千萬別當真！當然，我更應該反省自己，想占便宜早晚得吃虧。

菁英思維　吃虧與佔便宜的智慧

清代書法家鄭板橋「吃虧是福」的題詞為很多人所珍愛，然而真正領悟其中真意的，恐怕為數不多。實際上，許多人在交往中都是唯恐自己吃虧，甚至總期待佔到一點便宜。

然而，「吃虧是福」確實有它的心理學依據。「吃虧」是一種明智的、積極的交往方式，在這種交往方式中，由「吃虧」所帶來的「福」，其價值遠遠超過了所吃的「虧」。

天上不會掉餡餅，沒有不勞而獲的好事，想佔便宜早晚得吃虧，這是老馬的經驗。

細節59 正確的禮儀

握手只是一種禮儀而已，在現在不講究形式的時代裡，握手的作用還有那麼重要嗎？這裡，林鋒告訴你，握手禮儀很重要。

競選的演講

當事人：公司職員　林鋒

選舉結束了，我自以為是候選者當中表現最佳的一個，然而當選的卻是胡國權……。

回憶我的競選演講，滿懷壯志豪情，實際問題與可行計畫兼顧，我看到了考官們微微地點頭。而當選的胡國權呢？雖然他的演講可行性較強，但內容過於平淡，不能打動人，我在台下看到有考官悄悄地捂嘴打哈欠。

至於工作能力，這是大家有目共睹的。上個月，我們部門開展的專案就是我策劃的。當然，胡國權的工作能力也很強，平心而論，我覺得他勝任這個職位是沒有問題的，可這也並不能說我就不如他呀？是不是我的人緣沒他好？好像這也不是主要原因。

這次競選是由我們上級單位主導的，考官都是上級單位派來的，我、還有所有的候選者都不認識他們。難道是胡國權有後臺？平時也沒聽誰談起過。

吃午飯的時間早過了，同事們有的已回來了。想起下午還有事要幹，我搖搖頭，向員工餐廳走去。打了飯，我端起盤子走到一個沒人注意的角落裡坐下了。

我不想和同事們湊在一起，聽他們興奮地說股票或者汽車或者房產。旁邊包間裡挺熱鬧的，好像有十來人在吃飯。

「你說，一個年輕人怎麼握起手來就那麼柔弱無骨，一握住他的手，我對他的好印象就全沒了。」這聲音有些熟，我豎起了耳朵。「是啊，這樣的人往往比較軟弱。」有人接道。

我忍不住側過頭想看看到底是什麼人在裡面吃飯。這一看正好與一個人打個了照面，竟是今天上午的主考官。我突然明白自己上午失利的原因了。

細節・關鍵的握手禮儀

據說握手禮最早來自歐洲，當時是為了表示友好，手中沒有武器的意思，握手是信任的象徵。國際化進程越來越快，握手，現在作為一種「見面禮」在很多場合被用到。

但我這個人就是不善於與人握手。怎樣握手？握多長時間？這些都很少留意。平常接待客人，對這個禮儀也是能忽略就忽略，能不握手就不握手。

在我的競選演說結束後，也許是因為我的表現實在太好了，打動了主考官，他向我伸出了手。主考官伸手了，我敢不接嗎？只能硬著頭皮，輕輕地握了一下。主考官這一伸手，其餘的考官也一一伸手，於是我只得一一接下。

真沒想到，這一握，就成就了我的「滑鐵盧」。握手竟讓我丟了選票，說起來可真夠滑稽的。面對這樣的結果，我無話可說。能說什麼呢，不理睬考官們伸著的手？這不可能。算了，也怨不得別人，以後我去報班學一學禮儀才是正事。

菁英思維

自信的內在修養

傳統上伸出手表示沒有武器，握手是信任的象徵；現代，握手也象徵著尊敬。雖然只是簡單的握手，可有時產生的影響也不小。

怎樣才算標準的握手方式呢？和人握手態度要堅定，雙眼要直視對方，但不要過分用力。要在對方的手朝你伸過來之後握住它，要保證你的整個手臂呈L形（九十度），有力地搖兩下，然後把手自然地放下。

專業化的握手能創造出平等、彼此信任的商業氛圍。你的自信也會使人感到你能夠勝任而且願意做任何工作。這是創造好的第一印象的最佳途徑。

握手，是一個社交禮儀的問題，也是氣質修養的問題，深層原因還是在心理。比如走路做事抬頭挺胸、肩平背直。首先要自信，然後才是規則，最後就是內在修養。

細節60 以客為尊，餐桌上的禮儀

先客後主，這是待客之道。不這樣做，客人肯定會不高興。如果這個客人碰巧是一個斤斤計較的人，那麼事情就更麻煩了。

酒店商譽受損入住率下滑

當事人：酒店CEO　王輝明

他為什麼會在一個如此重要的場合對我們酒店做出那麼嚴厲的批評，而且這些完全是不負責任的批評。普遍情況下總是『「好事不出門，壞事傳千里」，他的話一出口，我們酒店的入住率立刻下降了。

他說那些話自然是不用費勁，只用動動嘴，可是我們就慘了，三個月的旅遊旺季，入住率只有往年同期的百分之八十。雖然現在通過大範圍、高強度的廣告和實施的幾個促銷方案，入住率基本與去年持平，可是那些多打廣告的錢就等於全白費了。

為什麼，他為什麼說那麼不負責任的話呢？記得上次，為了接待他，我還親自在我們酒店裡作陪呢。記得當時，我們用的可是非常隆重的禮節招待他的。這人是不是被競爭對手給收買了？

我百思不得其解，實在沒辦法，只得使用迂回戰術，託朋友去詢問。朋友果然不負我的重託，打聽明白了真相。可是這原因真是太簡單、太小了，小到我都沒有注意到。

細節・待客之道

本來是想讓他能滿意而歸。沒想到，就因為一個小小的疏忽，竟適得其反了。

那天，我們的第一輪是「上毛巾」服務。按照禮儀，服務生應該先將小毛巾送給客人，然後依次是我和我的屬下。但服務生不懂這一禮儀，先將小毛巾送給了我。在場的人都沒有留意到這個次序的錯誤，而客人留意到了，心裡不痛快，可並沒有表示出來。

第二輪是「上茶」服務，服務生仍然先為我斟茶，最後才是客人。後面的服務順序也一直是這樣。服務生搞錯順序，客人也並不是特別計較，但在場陪客的我們都對此視而不見，客人心裡就不舒服了。

回去後，他對這次的接待特別不滿，認為我們酒店沒有規矩。

菁英思維　**禮儀的工作規範**

俗話說：禮多人不怪。在某些不拘小節的人面前，我們做得不合禮儀，也不會有什麼問題，但是遇到比較講究的人，我們的「失禮」馬上就使工作大失水準。不同行業都有一些特殊禮儀，它們往往寫在工作規範當中，我們必須熟讀牢記，以免發生誤會，造成嚴重後果。

細節61 不做職場工具人

在辦公室裡，人與人關係是很微妙的。如果你願意做好人，奉勸你別做辦公室裡的好人，就算做也要有選擇、有重點地做。千萬不要不分物件、不分場合地有求必應。

幫主管辦私事

當事人：公司職員　周揚

就是因為背著「好人」二字，我不得不辭職了，做好人做到我這份兒上，真是有些惱火。

就如所有的新人一樣，剛進公司，我總是小心謹慎，每逢休息日值班，只要誰開口，我都答應，為此不知浪費多少個休假日，久而久之都變成值班專業戶了；平時上班，我總是早早就到了，收拾檯面，打掃辦公室，只要誰說一句：「沒吃早餐好餓呀，有沒有什麼東西填肚子？」我就趕緊拿出自己買的牛奶麥片，送到他們手上；炎炎夏日，我還經常買些冰鎮可樂帶給大家喝。

我成了大家公認的「大好人」。

工作時間一長，工作也漸漸增多，我再也沒有像以前那麼多的時間幫同事們跑腿了。同事們再喊著「來來來，幫我把這份文件送到某個部門去」，「嗨，去倉庫幫忙領一包影印紙過來，我們等著用」時，我只好以「那不是我份內的事」推託了。可想而知，同事們肯定有些抱怨。

拒絕同事的不合理要求，還能以一句「那不是我份內事」為藉口，如果是主管要你幫他辦私事，那就更難處理了。

有一次，我的主管讓我去車站幫他接一個親戚，結果剛出公司大門就被出差回來的老闆撞了個正著。老闆問我去哪兒，為了不得罪主管，我就說出去辦事。後來老闆不知從哪裡知道了事情真相，把我叫去訓了一頓，說我身為人事部職員，都不能做到誠信二字，又怎能管理他人呢！

給老闆留下一個這樣的印象，還在公司待下去只會自討沒趣，於是我遞交了辭職申請。我又背著「好人」二字摔了一跤。

細節・不做職場的工具人

前些日子打電話回原來的公司向老同事問好，同事的一句客套話就把我的好心情攪沒了，他在電話那頭訴苦：「天氣好熱呀，你走了，都沒人給我們買可樂了。」現在想想真後悔，要是當初剛進公司時，不做老好人，後來就不會有那麼多麻煩了。

我想許多職場新人也有類似苦衷：不分場合示人微笑，人家覺得你沒個性；對同事有求必應，必然有某次因為能力或其他原因你「應」不了，人家便覺得你不夠意思，從而疏遠你；你心無城府地多次借錢給同事，他很快心安理得、習以為常，你倒是被逼入兩難的境地，討，怕傷感情；不討，白遭損失。久而久之，你就變成了大家呼來喚去的「工具人」。所以，職場好人還是不做為妙。

菁英思維　跟同事保持適當的距離

每天和你在一起時間最長的人是誰？不是你的親人，也不是你的朋友，是你的同事。他和你在辦公室面對面、肩並肩，同工作，同吃喝，同娛樂。

而當我們有了「私人空間」的概念之後，我們同樣不能忽視合理的社交空間和公共空間，辦公室裡的距離如何把握，並不是那麼簡單的事。

當然，和同事搞好關係是應該的，但這要看你和同事之間的「好關係」是靠什麼來維持的，他們對你的「好感」是如何形成的。如果只是因為你是一個很好「使喚」的同事，能夠為他們減輕很多負擔，甚至成了他們犯錯時的「犧牲品」，顯然，這樣的「好關係」不值得慶倖。

尤其作為剛踏入職場的新人，要記住，同事不等於朋友，不能公私不分。和同事保持適當的距離，會使你看起來更美。

細節62 一通電話的力量

辦公室裡無小事，一個電話也可以讓即將成功的合作消失。譚瓊在放下話筒的時候，做夢都沒想到事情會這麼嚴重。

B公司的電話

當事人：公司職員　譚瓊

週一是最忙的。一大早我就忙得不可開交。我在一家外貿公司工作，薪水不錯，當然工作的強度也不小。

「喂，譚瓊，主管找你，你馬上過來一下吧。」秘書小玉打的電話。「行，我一會兒就過去。謝謝。」掛上電話，我放下手頭的事就趕緊往主管辦公室走。

「譚瓊，我過兩天要去出差，G公司的專案從今天起就由你負責吧。一會兒他們負責人就會打電話過來和你討論一些相關事項，你先把這些資料拿過去熟悉一下專案的內容和進度。」主管把一大落資料推到我面前。

「行，那我先把這些拿過去看了。」抱起那堆資料，我走出了主管辦公室。正伏案研究那堆文件呢，電話鈴響了，我拿起話筒：「你好，我是譚瓊。」「你好，我是B公司的楊升，上週五給我發的郵件收到了，能給我詳細談談裡面的細節嗎？」B公司和我們正在計畫一起做一個專案；上週五，我把合作中可能出現的一些事情給B公司的相關負責人發了郵件。

「好，是這樣……。」因為擔心G公司的電話打不過來，我簡要地談了一下馬上就把電話掛了：「目前情況就這些，到時有事再聯繫，再見。」果然，一會兒，G公司的人就打來電話了。我們很詳細地談了一些相關問題，並約好了見面開會的時間。

世上很少有事事如意的時候，當我們和G公司的專案進展順利時，主管卻告訴我，B公司的人想解除合作。

為什麼呢？憑經驗，我知道如果這次合作成功，絕對是雙贏的結果啊。

細節・先掛電話的時機

我正為B公司解約百思不得其解時，在B公司工作的好朋友小尤告訴了我原因。真的，打死我都不相信原因就是這麼簡單。在你的眼裡也許是不值一提的小事，在人家那兒卻是關係尊嚴的大事，你怎麼辦？每個人的標準不同，既然沒辦法讓別人來迎合你，你就得適應別人。

原來，那天B公司給我打電話的楊升正是他們CEO的心腹，那是一個對自己的權威過分看重的人。在我簡潔的話語中，他沒有感受到尊敬。我掛斷電話的那聲「啐嗒」在他還沒有意識到的時候就傳到了他的耳朵裡，他被惹怒了。據說，當時他對著掛斷了的話筒怒吼了一聲：「這麼急，趕場啊！」然後，他就開始思考合約的不可行計畫了。等他的不可行計畫完成時，我們兩家公司的合作也就被解約了。

真是沒想到，就先掛了一個電話，怎麼就……。

菁英思維　講電話的禮儀

接每個電話，都要將對方視為自己的朋友，態度懇切，言語中聽，使對方樂於同你交談。因為接聽電話而失去重要客戶是得不償失的。

接聽電話注意傾聽對方的談話，這不僅是對他人的尊重，也體現出你的修養和氣質。一般說來，通話完畢後，打電話的一方應先掛斷電話，等對方掛了電話之後，你再輕輕地放下電話。某些情況下即使是你主動打的電話，若對方比你的職位高、年齡大，你也應該讓對方先掛電話，然後自己再掛斷。

細節63 醉酒並不是真性情

中國歷史上的諸葛亮、曾國藩等都表示一個人的醉態可以表露他的真性情。所以，有一家公司乾脆就把這一個條件列在了員工的招聘條件上。

關關難過的外貿公司面試

當事人：求職者　方力

一家外貿公司公開招聘六名業務管理人員，報名的竟有六百多人。我也隨眾投了履歷。經過艱苦的筆試，刷下了四百多人，我幸運通過。面試時面對考官們流利的外語口語和嫻熟的專業知識，又有一百多人敗下陣來，我又倖免了。這樣，我就成了剩下的三十四人之一。

「你們這些人條件都很優秀，去掉誰也沒有充分的理由。」總經理面帶難色地對我們這些候選者說，「為感謝你們對公司的厚愛，公司決定明天在G酒店設宴招待諸位。」

我琢磨著公司安排這次聚餐，肯定也是招聘題目之一，就把自己收拾整齊了，小心翼翼地去赴宴。

宴會上，我剛巧被安排在公司主管旁邊，心裡不禁暗喜：「真是天助我也，剛好可以大大地表現自己了。」我頻頻向主管們舉杯，並向主管誇下海口：「老闆，只要你錄用我，兩年之內，我保證給你賺幾十萬……。」主管也報之滿臉微笑。

然而，事情有時偏偏不如想像中的那樣美好，這最後一關我被刷下來了。宴後第二天，公佈錄取了十二人，我不在其中。

細節・外貿人才的優良素質

原來，總經理的醉翁之意不在酒，在乎人才也。因為筆試也好、面試也好，都只反映了應聘者的專業知識和部分素質。而且這種考試是在比較嚴肅而又緊張的氣氛中進行的，應聘者有備而來，且分外警覺，有些缺點暴露不出來。

而在酒會上，有人就開始表現了：有的擔心自己不被錄用，心事重重，沉默少語，鬱鬱寡歡。這種人性格過於內向，缺少交際能力，不宜搞業務。有的自我感覺良好。平心而論，業務上他們確實高人一籌，面試時也有紳士風度。但在酒宴上，他們終顯「廬山真面目」，因而貪杯豪飲，狼吞虎嚥，給人一種俗不可耐的感覺。

有的出言不凡：「老闆，只要你錄用我，兩年之內，我保證給你賺幾十萬。」搞貿易是要賺錢，輕言取勝，戲言賺錢，看似有膽有識，難免言過其實，給人以一種不可靠的感覺。有的是破釜沉舟而來：「老闆，我這次是下定決心來報名應聘的，我已辭職……」這種人似乎自信，實際上是自負。他們把應聘當賭注，太偏激。

有的苦苦哀求。而搞貿易最忌諱軟弱。相反，另有一些人，彬彬有禮，不卑不亢，談吐風趣，機智敏捷，這些人才是具有外貿人才的優良素質。在席上，他致辭說：「老闆，能結識您很榮幸，我十分願意為貴公司效力。如果確因名額所限使我不能為貴公司效力，我也不會氣餒，我會繼續奮鬥……。」言語得體，柔中有剛，充滿自信，意志堅強。這是做貿易業務最可貴的性格。

原來如此，我怎麼沒想到？

菁英思維　性格的養成

筆試也好、面試也好，都只反映了應聘者的專業知識和部分素質。而且這種考試是在比較嚴肅而又緊張的氣氛中進行的，應聘者有備而來，且分外警覺，有些缺點暴露不出來。

所以，考官總是喜歡用一些出乎意料的方式來考核應聘者的性格，以便觀察這份工作是否適合他們，而這樣的題目往往具有防不勝防的特點。

在這種情形下，應聘者怎麼接招呢？無它，唯有從細節做起而已。「播種一種行為，收穫一種習慣；播種一種習慣，收穫一種性格；播種一種性格，收穫一種命運。」

細節64 出差不幫忙分擔行李被冷凍

出差不拎行李，意味著要麼沒有團隊精神，不善合作；要麼是很自私的人，沒有責任感。這樣的人怎麼能當副總？

與公司同事一起出差

當事人：公司中階主管　孫平

兩個月前我辭職了，實在是待不下去了。當初我是被公司高薪從競爭對手那裡挖過來的。我真是不明白，費盡心力地把我挖過來，怎麼能就「冷凍」了事呢？

而當初總經理的意思可是說要把我培養成副總。都半年了，我就這樣被擱置在一邊，不聞不問，我只能辭職了事。讓我不幹活，每月白拿錢，我受不了了。

不能說我沒能力，我在原公司的工作成績大家有目共睹，不然，他們也不會挖我過來，可是為什麼費盡心思把我弄來又不用我呢？直到昨天，我才知道我為什麼會被打入「冷宮」。

昨天在我家附近遇到總經辦公室裡的小王，一聊之下才知道我的「悲慘遭遇」竟是源於出差沒拎行李。

細節・幫同事拎行李

去年秋天，我們公司七個人的管理團隊到廣州參加建樣板市場。下飛機後，除了我是空手而行之外，其餘六個人都提著辦公用品等行李；兩週後我們離開廣州返回時，其餘六人還是大包小包的，而我依然是空手而行。

從這件事上，老闆就做出了判斷，認為我是不可重用之人，並做結論：「第一次沒提行李，可以用大意或疏忽來解釋，而一再發生此事，只能說明這個人要麼沒有團隊精神，不善合作；要麼是很自私的人，沒有責任感。」

面對這樣的指責，我無法申辯，而且完全沒有申辯的意義，因為我早已離開。只是忍不住，我還是很後悔。誰料平時瞧著大大咧咧的總經理竟然也能注意到這麼細小的一件事。

「我們用人是有標準的，平時一些不經意的小事，並不是用標準能衡量出來的，但它能反映一個人真實的東西。」總經理這樣解釋他的用人標準。

人是群體性動物，任何人都不能離開這個群體而孤獨地生存。合作的重要性我知道，但在我的思想深處，我對合作又有另外一種理解：只有庸人才需要與人合作，而菁英永遠是獨立奮鬥的。

當然，事實證明我錯了。是的，我很能幹，自認為也是菁英級的人物，卻因為幾卡行李箱失去了很好的發展機會，看來合作比競爭更重要。

通過這事，我也許真的該在工作能力之外的方面多多提高，比如合作精神。當然，也有人把合作能力看成工作能力之一，雖然我不這麼看。

菁英思維 **合作精神的展現**

雖然孫平不把合作能力看成工作能力之一，但他終於明白了合作高於競爭，這應該是他最大的收穫了。

我們應該明白合作是競爭的基礎，同時也是競爭的歸宿。換句話說，在事物發展的過程中競爭來源於合作，更結束於合作，競爭是合作過程中的一個階段。

細節65 好惡分明是銷售人員的致命傷

海納百川，有容乃大。海因其廣大，方憑魚躍；天因其高闊，才任鳥飛。胸襟的大小，往往決定一個人境界的高低、前途的大小。

銷售經理的面試

當事人：求職者　龔雪

經過兩輪大比拼，我終於闖進了銷售經理的半決賽。我的對手是一個叫李飛的男孩，雖然他也很優秀，但我覺得總體上看，我還是略勝一籌，最終獲勝的概率應該更大。

面試考官只有一位，氣氛不像前幾次那麼緊張，特別輕鬆，幾乎就是我們三個人的閒聊，而內容也都是很生活化的話題。我們也都很放鬆。

我們不著邊際的閒聊，考官談及音樂愛好，問道：「你們喜歡××嗎？現在紅得發紫呢。」我總是吃驚於大街上鋪天蓋地的流行歌曲，對於考官的問題我覺得有些不可思議，就立即搖頭，撇撇嘴：「××？太俗了吧！是唱流行歌曲的嗎？我喜歡古典音樂。」

李飛的回答卻和我的明顯不同，他微笑著說：「是新生代歌手吧。不好意思，我平時聽鋼琴曲多一些，既然那麼受歡迎，那我有時間也試著聽一下吧。」

細節・銷售的致命傷

聽到李飛的回答，我馬上意識到自己的失誤。雖然同是不喜歡，李飛讓人明顯感覺到他的寬大、包容，而我毫不遮掩地表示了我的不屑一顧。如果考官是××的歌迷，那麼我的回答肯定會讓他非常不高興的。

而且，這麼強烈地貶低別人的愛好，除了想顯示自己的高明外，對別人的過分苛刻也是顯而易見的。我知道，我的苛刻態度其實顯示的正是我的狹隘、偏執，這對於銷售來說是致命弱點。

懊悔也是無濟於事的。果然，一小時的面試結束後，考官對我們說：「兩名都是很優秀的人才，知識面也都很廣，兩者取其一真是讓我左右為難。雖然為難，但還是得忍痛割愛啊。相較而言，李飛似乎更有包容心，而龔雪對不喜歡的事物有些排斥。銷售面對的是各種各樣的顧客，沒有一定的包容心，就很難拓展市場圈子。」考官向我伸出了手：「希望以後有機會你能來我們公司。」

看似漫不經心的閒聊，卻也暗藏玄機。我只得故裝輕鬆地握住了考官的手。包容，不僅是一種美德，也是一種涵養。包容不僅產生和諧，而且產生凝聚力！這次的失敗面試給我帶來的啟示，絕不僅僅限於找工作。

菁英思維

包容的凝聚力

包容，不僅是一種美德，也是一種涵養。包容不僅產生和諧，而且產生凝聚力。相容，其實就是包容的「電子術語」。人人需要包容這一可貴的品格。就連電腦，其中成百上千的軟體也是依靠「相容」組合在一起的。

細節66 謙恭的「唐僧」被辭退

謙恭異常、總是笑吟吟的Jane，公司沒有留下她。對於現代公司，需要的是決斷力，一個只會囉嗦不已的「唐僧」有什麼用呢？

名校高材生的實習生

當事人：實習生　柳佳

我們部門去年暑假來了一個實習生Jane，知名大學管理科系響噹噹的名頭，可是Jane名不副實，弄得同事哭笑不得。雖然給她的實習評語是「優」，可不知道Jane自己有沒有弄明白，為什麼最後沒有被留下來。

現在有很多職場勵志書都教新進員工一定要確認自己的任務，並不斷地把事情的進展報告給上司。這個Jane就非常忠實地執行著這些「教導」，而且是有過之而無不及。

每件事情她總是要花很多時間和你確認，你是不是剛才這麼要求的；現在A行不通了，B可以嗎；如果不是很急的話，A還是可以的，那麼你到底決定是A還是B，就如同電影「大話西遊」裡的「唐僧」一樣囉嗦。

接電話也不放心她，因為她拎起來會說：「喂，你是誰」；隨後，她會把對方要求的事情記下來，問題是她總是隨記隨忘。對方以為她已經轉告有關同事了，等催問的時候，同事不得不「背黑鍋」。

細節・通報工作進度的分寸

與上級、同事經常交流，通報工作進展是應該的，確認自己的工作任務也是必須的，但這絕對不是告訴新員工可以事事依靠同事和上級來定奪，而不用自己處理解決問題，擔負責任。

Jane 沒有一點應變能力和獨立處理解決問題的能力，最適合Jane 的工作可能就是替主管貼報銷發票。

當然，Jane的態度非常謙恭，總是笑吟吟的，就像「唐僧」一般，所以，雖然公司沒有讓她轉正，但同事們給她的實習評價是「優秀」。

菁英思維 **獨立作業的工作能力**

都說要「自動自覺地工作」，這裡面包含著應變能力和獨立處理解決問題的能力。這是一個速度的時代，伴隨「速度」而來的是變化，所以應變能力必不可少。

再加上社會分工的細化要求個人工作的專業性越來越強，這也要求每個人都有獨立的工作能力。對於發個指令，點一點滑鼠才會動一動的「電腦」員工，沒有人會欣賞，更沒有公司會接受。職場中，只知道機械地完成工作的員工，註定是無立錐之地的。

何況Jane不但缺乏此二者，更缺乏一種對工作的認真態度，雖然她是謙恭著、微笑著。對主管而言，只有那些能準確領悟自己的指令，並主動運用自身的智慧和才幹，把指令內容做得比預期還要好的員工，才能獲得器重和認同，沒有公司會請一個只會說個不停的「唐僧」。

細節67 職場稱呼要以禮貌為前提

中國是禮儀之邦，對稱呼之事一向重視。現在很多公司為了形成平等、祥和的辦公氣氛，對稱呼往往不做要求。然而，千萬不可因此而忽視它的存在。

老闆的英文名字

當事人：公司職員　Bill

當我們的這位加拿大主管被調到香港分公司去後，新派來了一位姓魏的主管，英文名字是Mark，他剛從一家國內知名公司調過來。

新主管上任的第一天與我在辦公室門口不期而遇，我熱情打招呼：「Mark，早！」

新主管用一種異樣的眼神足足盯了我十秒鐘，然後微笑由下巴向上延展，直至佈滿整個臉龐：「早，你是……？」「Bill.」我忙應道。

然而大家都稱呼他「魏總」，而不是「Mark」。我這人就是反應遲鈍，當我醒悟了，張口叫「魏總」時，我已經叫了兩個月的「Mark」。在這兩個月裡，原本每月得「A」的月考核已得了兩個「D」。

終歸是太晚了，第三個月的考核結果出來了，仍然是「D」。我不得不另尋出路了，因為公司規定，連續三個月考核為「D」的員工將自動解職。我知道問題出在哪裡，卻已經沒有機會挽回了。

細節・稱呼老闆禮多人不怪

人們一直以為只有在二十世紀七〇、八〇年代之前，人們才注意這些刻板嚴謹的稱呼，所以，職場上對稱呼的注重日益淡漠。其實職場稱呼現在仍是很重要的，如果不注意就會影響到你的職場命運。比如我，就是因為一句稱呼，職場走勢由升而落。

我是一家外資公司的員工，以前對「職場稱呼」一向沒有什麼概念，因為公司總經理是一個加拿大人，強調辦公室的人際和諧氣氛，要求公司員工一律互稱英文名。

無論是外國主管還是中國主管，稱呼員工時也大多叫其英文名字。而且，所有人在打招呼的時候都是微笑著的，這讓工作環境分外舒服。

儘管大家直呼其英文名，但員工們對老闆都是從心裡表示尊重。因為工作能力在那裡擺著呢，隨和的主管大家都更喜歡。然而，並不是所有外企老闆或主管都喜歡別人稱呼自己的英文名的，這需要根據具體情況而定。

菁英思維

觀察老闆對於稱呼的喜好

Bill的總經理確實難逃小肚雞腸之嫌，但Bill本人「想當然爾」的想法也要負一部分責任。外商員工不要總認為自己的上司就喜歡你叫他的英文名字。

現在各公司的人事情況越來越複雜，很多國內知名公司的管理者都會跳槽到一些外商任職。對於他們不要理所當然地沿襲以往的稱呼習慣，要先觀察一下他們的喜好和性格，然後再決定如何稱呼。如果主管有明確「指示」讓你稱呼什麼，那最好，如果沒有，就需要自己多個心眼了。

細節68 尊重對方的隱私

未經允許即翻看主管的檔案，表現的是一個人缺乏基本禮貌。取人更取德，這是所有公司用人的基本條件。

面試的最後一關

當事人：求職者　明非

坐在電腦前，我百思不得其解：「為什麼會被拒了呢？」真沒想到，我在T公司那麼完美的面試表現竟然會被拒，難道他們公司就是打著求才的幌子來給自己做廣告？

上週一，我參加了T公司的面試。面試分兩部分，第一部分是用英文介紹自己的父母。很多應聘者都準備了自我介紹，沒想到公司獨出心裁，讓介紹父母，結果弄得很多人措手不及。而我，一向應變能力較好，所以這關過得比較輕鬆。

第二部分是分組討論。他們將應聘者按小組為單位，讓組與組之間就一個題目進行正反方辯論。在學校裡我就經常參加辯論活動，所以對我來講也是駕輕就熟。

兩輪過後，HR對我說：「基本上沒問題，只是還需總經理最後確定。」接著，我被秘書帶進了總經理的辦公室，準備接受最後的面試。

當時總經理似乎是在會議室開會，所以我就被單獨留在了總經理辦公室。十分鐘後，秘書小姐進來告訴我，總經理有急事必須處理，現在沒時間見我，所以，我可以先走了。

回顧整個面試過程，我的表現都是很出色的，可是怎麼莫名其妙地就被拒了呢？難道大公司就可以無條件地拒絕別人？不行，我一定要弄明白。我決定去T公司問個清楚。

細節・不要隨意翻看別人桌上的文件

當我第三次來到T公司後，櫃檯小姐沒有再攔我了：「明先生，這邊請。」坐定之後，總經理開門見山：「明先生，我很欣賞你的堅持，所以我同意見你，而且我將告訴你落選的原因。你一定對面試的全過程都記憶猶新吧？那天你在我的辦公室裡等我的時候，翻看了辦公桌上的檔案，是不是？這就是落選的原因。」

他啜了一口茶，接著說：「事情雖小，表現的卻是一個人的修養問題。沒有經過別人的同意翻看別人的東西，這是不尊重人的表現。萬一這些檔案有公司的機密呢？這使人對你的忠誠度很懷疑。在我的眼裡，一個忠誠的、尊重人的員工遠比一個僅有能力的員工要強。」

我的臉漲得通紅，從T公司落荒而逃。是的，在辦公室裡百無聊賴的等待中，我隨手翻了一下桌子上的資料夾，可是當時我並沒有特別的想法。

T公司的這一堂課讓我想了很多很多。一個細節的不慎就抵消了我前面的所有完美表現，細節的強大力量我是真正地領教了。

菁英思維　自我修養的品質

我們的習慣開始於無意的觀察、細節的暗示與經驗，它像帶著一點點內容的蜘蛛網，隨著實踐長大、積累、成熟起來。想像和情緒融合起來，直到它們成為打不破的鐵鍊。

習慣就是由網發展成鐵鍊的，它控制著你每天的生活，也會在不經意中改變你的人生。自我修養則在培養一種習慣。自我修養反覆地用語言、圖畫、觀念和情緒告訴你，你的哪些行為會幫助你達到個人重要的勝利，它能使你的自我意象或思想產生持久的變化。

如果一個人沒有自我修養的品質，即使他具備其他一切成功者的素質條件，也是毫無價值的，根本不可能成為成功者。因為，即使你有自我促進的願望，即使你自己處於最佳狀態，即使你設想登上南極，如果沒有自我修養提醒你對生活細節的注意，那你將永遠也不能達到自己的目標。

歸根究柢，自我修養是一種對生活的自我暗示，一種對細節的執著追求。

細節69 職場說話要謹慎

老愛取笑別人的人總是自以為聰明無比，到處都會受歡迎，實際呢，同事們會漸漸冷落他、孤立他。所以還是老話說得對：「做人要厚道。」

辦公室的午餐時間

當事人：公司職員　范彪

我這人一向愛胡聊，而且是公認的腦瓜子靈活，給人取外號，那更是公認的一絕。記得高中時，我們的數學老師頭髮很少，我就美其名曰「地中海」，立刻成為當時的「經典」。

這天，吃過午飯，幾個同事在一塊兒閒聊著，我說：「你們是不是覺得企劃部的郭亮像動物園裡愛開屏的孔雀？」此話一出，同事們交口稱是。

辦公室裡「愛開屏的孔雀」，當然是指那些自我感覺良好、不分時間和地點炫耀自己的人。郭亮在公司確實像隻「愛開屏的孔雀」，只要有新人，他就不厭其煩地介紹自己的經歷，被什麼人接見過，同誰誰共過事，老闆怎樣高度評價了自己的工作等等，直到對方肅然起敬為止。

「市場部的祁平是不是個『偽少女』？」祁平三十多歲的人了，可還老是刻意把自己打扮成小姑娘的樣子，穿泡泡裙，留娃娃頭，說起話來動不動就是「我們女生如何如何……。」同事們都樂得快噴飯了，我這邊興致更是高漲：「胡詠很像那恨比天高的杜十娘？」牢騷滿腹、怒氣衝天，這些就是「杜十娘」們最顯著的特徵。

儘管偶爾一些「推心置腹」的訴苦多少能培養出一種「辦公室友情」的假象，但綿綿不休的抱怨會讓身邊的人苦不堪言，因為，他們把自己的苦悶也繁殖了一份給你。

「還有李力，就是……」這一番瞎聊真是痛快，一個小時的午休時間轉眼就過去了。日子就這樣一天天在繁忙的工作和輕鬆的瞎聊中度過。可是，慢慢地，我發現似乎同事們都有意無意地躲著我，這是為什麼呢？

細節・不隨意取笑同事的短處

一天，上班的路上，看到同事胡愷坐在車子的前頭，我悄悄地繞到他身後，正打算拍他的肩膀呢，手卻不由得停在了半空。原來胡愷正和他的一位朋友在談論我呢：「范彪那人是挺靈活的，可是太過尖刻了。看著他在我面前取笑同事，我就有些不舒服。」

我一下子驚呆了，這就是癥結，就是同事們逐漸疏遠我的原因。給同事們取外號，我本沒有什麼惡意，只不過是想給大家逗個樂子，沒想到同事們這樣看我。

「就是啊，那些老愛取笑別人的人總是自以為聰明無比，其實想想還挺可惡的。」是同事明家梁的聲音。看來，我已經惹怒了大家，可事情本不應該如此的啊……。

菁英思維　職場人際關係的「坎」

對於公司新人來說，要學會處理職場人際關係，無疑是一個巨大的挑戰。如果你邁不過這道「坎」，你不僅會一事無成，甚至會頭破血流。

在學校裡，同學們之間的年齡基本相同，思考問題的方法和看問題的角度基本相近，彼此的談論重點和談論方式，都志趣相投，所以，在處理人際關係方面，理論和經驗幾乎都是一張白紙。

作為公司新人，當你進入職場後，首先要理解並習慣這種複雜的人際關係。在為人處世時，要格外用心，不能像學生時代那樣，以自己的個人好惡為標準，看著誰不順眼，就隨意取笑別人。

金無足赤，人無完人，凡人皆有其長處和短處。我們為什麼不能談論別人的長處，偏要以談論別人的短處來取樂呢？

再說，宇宙之大，可談論的話題和可笑的題材取之不盡、用之不竭，天上的星河，地上的花草，都是絕好的談話內容。我們何必一定要把別人的短處作為話題呢？

細節70 無孔不入的「熟人」

這世界說大不大、說小不小，總是在你需要「熟人」的時候，他們不出現；當你不需要「熟人」時，他們倒是會時時冒出來。

跳槽計畫敗露

當事人：公司職員 Amy

我的跳槽計畫洩密了，老闆對我的態度立刻來了個一百八十度大轉變。在我的世界裡，現在是冬天，而且也不知道什麼時候才能熬到春天。

我最近倒楣得可謂空前絕後。說來我也算得是精明角色，謀畫跳槽已經有一陣子了。比較、試探良久，才「該出手時就出手」，找了家公司面試，職位是個小主管，要領導兩三個員工。

本來，結果還沒出來。但那「兩三個員工」當中有個冒失鬼，不曉得哪裡聽到一句Amy，也就是我已經「成功」當上了她的頂頭上司，於是立即四處打聽「新主管好不好相處」。這世界，說大就大，可說小也就小。熟人問熟人，這個問題就被我們的一個同事知道了，而她，半年前與我競爭職位，是我的手下敗將……。

馬上，連公司裡做清潔的阿姨見了面也會問我：「聽說你要走了？」

細節・自己的態度要堅決

這些無孔不入的「熟人」真把我害慘了。正當公司上上下下都等著我提出辭職時，我卻被新公司拒絕了。

一個被貼上「早有異心」標籤的下屬在公司裡的艱難程度可想而知，老闆不再把重要工作交給我做，可每月的薪水七七八八的又一分不能少，每天對我的臉色別提多難看了！

在錯誤的時間、錯誤的地點遇到了錯誤的人，我這純粹是運氣問題。說來說去，只能怪自己運氣不佳。想跳槽，但這同樣也是一個時機問題，沒有合適的工作跳到哪裡去呢？

思來想去，尚未正式跳槽之前，我決定用打死都不承認的方式對待這次「洩密」事件。我相信只要自己態度堅決，「謠言派」就會遲疑。他們遲疑，我就可以加緊步伐，讓自己有更多的時間來處理後續問題。

菁英思維　破除謠言

Amy 用「死不認帳」的方法來處理是非常合適的，正如她自己所說的，只要自己態度堅決，「謠言派」就會遲疑。他們遲疑，就可以加緊步伐，讓自己有更多的時間來處理後續問題。

當然，如果你決定不走了，也可以用積極的態度和行動消除由於跳槽走露消息所帶來的不良影響。

細節71 你可以換個方式說話

很多時候，當我們直截了當地表達一種意思的時候，對方總是很難接受。這時，就不妨多拐幾道彎，使問題曲折化、模糊化。

報告達人

當事人：公司職員　孫剛

中午正想喊大力一起吃飯呢，回頭看到大力已經和同事們走到門口了。忽然發現，好像同事們很多行動都不願再叫上我了。

上週五楊偉生日，大家都去了，唯獨沒有通知我；週一，同事們去唱歌，也沒有喊上我；還有昨天，聽說他們又去打保齡球了，還是沒找我。

我真是不知道自己到底做了什麼對不住大家的事，讓他們這樣孤立我。難道是因為上次公司會議上老闆表揚我月終總結報告寫得好？如果是那樣的話，同事們也太不能容人了吧。更何況，我被表揚後還經常給他們的報告提中肯的建議呢。

上次公司會議上，就因為老闆表揚我月終總結寫得好，現在我都快成報告審批員了，人人寫報告都要讓我看一下，真是有些厭煩了。可我依然都幫大家看了的，就說昨天吧，我還幫大力修改他的報告呢。

「孫剛，你能幫我看一下這份報告寫得怎麼樣嗎？」同事大力叫著。「哎，來了。」我走過去坐到了他的座位上，移動滑鼠，「你讓我講真話還是假話？」「廢話，講假話還要你看什麼？」

「老實說，寫得比較一般。你看，這裡漂亮話太多，可是都沒講到什麼重點。還有這裡，你應該詳細地寫具體應該怎麼做才是對的；還有這塊兒，你應該附上數字說明，只有數字才是最好的說明，這些概要放在這是什麼意思嘛！反正，如果我是老闆，這份報告鐵定要你重寫。」

聽完我的話，大力一下子變得有些落寞，見他一八幾公分的大個子的落寞神情還真是有些不忍心，我起身回到了自己的座位。

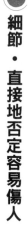

細節・直接地否定容易傷人

我正鬱悶著，李瓶進來了：「咦，怎麼就你一個人啊？」「對啊，他們都去吃飯啦？」我無精打采地說。「你成仙了，不用吃飯啦？」李瓶打趣道，「走，一塊兒吃飯去。」

我們進飯館坐定後，李瓶正色說道：「孫剛，你有沒有覺得同事們對你的態度有些改變？」「怎麼不知道，我正為這個犯愁呢。你能告訴我原因嗎？我請你吃飯。」

「行啊，那這頓你請。」李瓶笑了笑，接著說，「其實，在很多時候，我們總是接受不了別人對自己的否定。如果是上級的否定，那還可以接受，如果是平輩或者是晚輩，接受起來就尤其困難了。」

「我知道，可是我好像沒有……。」李瓶見我不解，抿抿嘴說：「就說昨天吧，你那樣說大力，把那話放在你身上，你能受得了嗎？聽我的話，以後說話悠著點，你可以婉轉地說，不要直來直去的。」

我恍然大悟，如果我用一些籠統的、抽象的、兩可式的語言來取代常用的、直白的、具體的否定，那麼大家肯定就能接受了。

菁英思維

被迷迷糊糊地否定了

在否定時，盡可能把「不」說得含糊一些，這樣做既能讓對方明白你的立場，也能充分保留對方的面子，避免對方心理上的挫折感。

被巧妙地否定時，有一種形容叫作「被迷迷糊糊地否定了」，意思是對方放了煙幕，你知道自己是應該被否定的，但對方並沒有否定你，從而使你自己否定了自己。

在職場上，這種說話的細節也要注意。

細節72 一句話惹怒主管

「忠言逆耳」，這幾乎是所有人都知道的，所以在提意見時，一定要使用一些方法和技巧，當提意見的對象是上級主管時，那就更得小心了。

被主管冷眼相待

當事人：公司職員　小石

不知道為什麼，經理已經有兩天不跟我說一句話了，真不知道我怎麼惹著他了。

早晨一到公司就收到E公司的一份郵件，是E公司與我們公司的合作計劃。我連忙列印後給經理拿過去：「您看看，這是E公司傳過來的計畫。」「放這兒吧。」經理掃了一眼，冷冷地說。

唉，一個辦公室裡，每天這樣冷鼻子冷臉的可真難受。究竟是什麼原因讓我們這兒來了「西伯利亞寒流」呢？

中午吃飯時，我和辦公室的劉姐談起了這件事。劉姐是公司老員工了，與經理也共事多年，我想，很多事情她一定看得比我深，比我透。

聽了我的煩惱，劉姐說：「小石啊，你記不記得兩天前的那份報告。還記得那會兒你是怎麼提意見的嗎？」

原來是因為那件事。

細節・經濟效益的正確說法

那天下午，我們辦公室的人一起討論經理要給總經理寫的上半年公司總結報告。經理不愧是當年中文系的才子，報告寫得洋洋灑灑，令人振奮，但還是有些小紕漏。

「歐陽經理，我認為『經濟效益增加了三百多萬美元』這種提法不正確。」管理專業出身的我，一眼就看出了不妥之處。「有什麼不對？」歐陽經理好像對意見沒有任何心理準備。「經濟效益是指經濟投入總量與經濟產出總量之比，是個相對數；而三百多萬美元是個絕對數，所以，『經濟效益增加了三百多萬美元』的說法是不正確的。」

「經濟效益增加多少多少，這已是約定俗成的提法，新聞也經常這麼寫，我看沒有什麼不對。」「但這確實不符合邏輯。」怎麼就這麼不願接受建議呢？雖然經理的臉越拉越長，可我並不打算收回我的意見。

「這樣吧。這個問題可能有些複雜，暫時先放一放，我們接著往下討論。」劉姐馬上打圓場，「要不，先休息十分鐘？」經理端起茶杯就往外走。

「你想想，當著這麼多人的面，用這麼肯定的語氣說主管錯了，他會是一種什麼感受？我要是經理，我會覺得你這是在罵我『無知』。所以，即使你的意見是對的，他能接受嗎？」

「劉姐，我這個人生來就是這麼個性格，有什麼說什麼，不會裝假，不會拐彎抹角。我認為做人要正直。」我明白了，劉姐指的是那天上班我提意見的方式太直接，惹惱了經理。

「為人正直和注意說話方式是兩種不同的意思。為人正直，是指不撒謊，不欺騙，是個人品德問題；而說話方式僅僅是個技巧問題，是個工作方法問題，兩者不能混為一談。你這是為自己找藉口。」劉姐的口氣變得嚴肅起來。

想了很久，我認同了劉姐的話。

菁英思維

千萬別「教」主管如何做事

給主管提意見，不僅要注意場合、注意方式，還應該照顧主管當時的情緒。

主管在情緒不太好時，也像一般人一樣，對待別人的批評和建議，有可能會產生逆反心理，你越是說這樣不對，他可能越要堅持這樣。相反，在他情緒好或心態平和時，他接受別人的批評或建議的可能性就大得多。

你只能說出自己的想法，然後讓主管去思考、去選擇。這樣做，既保持了決策程序上的合理性，又表示了對主管個人經驗和才能的尊重。無論在什麼情況下，都千萬別「教」主管如何做事，必須給他預留一個思考的空間，無論是你發現主管出現了錯誤，還是你認為你的想法比主管的想法更正確。

實戰書架 002

為什麼菁英都是細節控
主管很想送給菜鳥的一本書

作　　者　艾里
責任編輯　劉佳玲
裝幀／內頁　郭嘉敏

總 編 輯　林麗文
主　　編　高佩琳、賴秉薇、蕭歆儀、林宥彤
行銷總監　祝子慧
行銷主任　林彥伶

國家圖書館出版品預行編目(CIP)資料

為什麼菁英都是細節控：主管很想送給菜鳥的一本書 / 艾里作. -- 初版. -- 新北市：幸福文化出版：遠足文化發行, 2020.10
面； 公分. -- (實戰書房)
ISBN 978-986-5536-19-0(平裝)

1. 職場成功法

494.35　　109014707

出　　版　幸福文化出版／遠足文化事業股份有限公司
地　址　231 新北市新店區民權路 108-3 號 8 樓
粉絲團　www.facebook.com/happinessbookrep
電　話　(02) 2218-1417
傳　真　(02) 2218-8057
發　　行　遠足文化事業股份有限公司（讀書共和國出版集團）
地　址　231 新北市新店區民權路 108-2 號 9 樓
電　話　(02) 2218-1417
傳　真　(02) 2218-1142
電　郵　service@bookrep.com.tw
郵撥帳號　19504465
客服電話　0800-221-029
網　　址　www.bookrep.com.tw
法律顧問　華洋法律事務所 蘇文生律師

印　　刷　成陽印刷有限公司
初版一刷　西元 2020 年 10 月
初版五刷　西元 2024 年 03 月
定價 350 元